できるポケット

WordPress ワードプレス ホームページ入門

基本&活用マスターブック

WordPress Ver.5.X対応

星野邦敏・相澤奏恵・大胡由紀・清水久美子・清水由規・山田里江・吉田裕介
&できるシリーズ編集部

インプレス

できるシリーズは読者サービスが充実！

できるサポート

本書購入のお客様なら**無料**です！

わからない

操作が**解決**

書籍で解説している内容について、電話などで質問を受け付けています。無料で利用できるので、分からないことがあっても安心です。なお、ご利用にあたっては238ページを必ずご覧ください。

詳しい情報は **238ページへ**

ご利用は3ステップで完了！

ステップ1
書籍サポート番号のご確認

対象書籍の裏表紙にある6けたの「書籍サポート番号」をご確認ください。

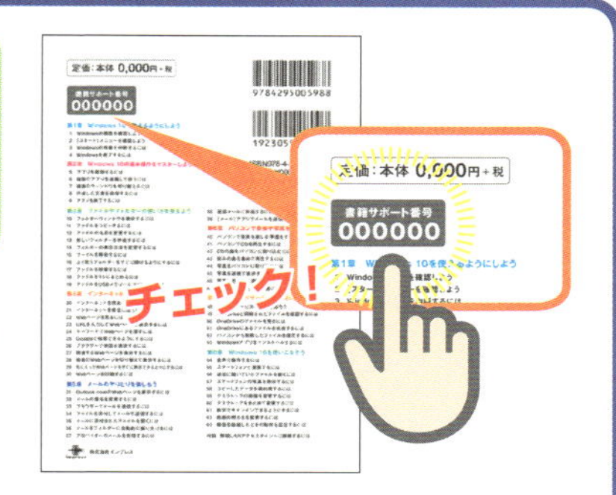

ステップ2
ご質問に関する情報の準備

あらかじめ、問い合わせたい紙面のページ番号と手順番号などをご確認ください。

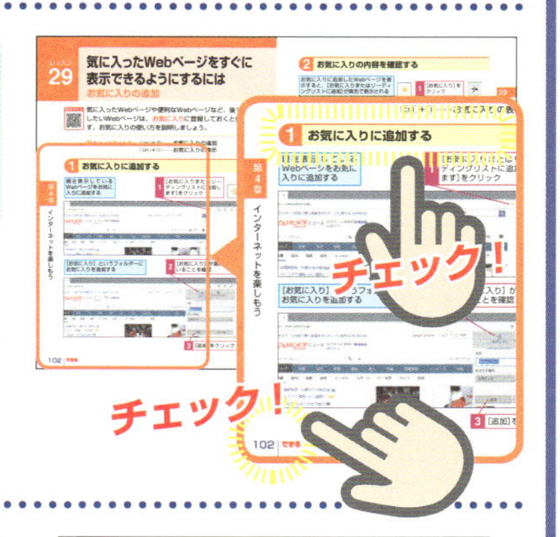

ステップ3
できるサポート電話窓口へ

●電話番号（全国共通）

0570-000-078

※月～金　10:00～18:00
　土・日・祝休み
※通話料はお客様負担となります

以下の方法でも
受付中！

- インターネット
- FAX
- 封書

本書の読み方

レッスン

見開き完結を基本に、やりたいことを簡潔に解説しています。
各レッスンには、操作の目的を表すレッスンタイトルと機能名で引けるサブタイトルが付いているので、すぐに調べられます。

左ページのつめでは、章タイトルでページを探せます。

Hint!

レッスンに関連したさまざまな機能や一歩進んだテクニックを説明しています。

レッスン
11
キャッチフレーズや名前を設定するには
一般設定

第2章 ホームページを作る準備をしよう

ホームページのコンセプトや目的を伝えよう

キャッチフレーズはホームページのサブタイトルのようなもので、ホームページのコンセプトを具体的かつ簡潔に説明します。このキャッチフレーズは、ホームページのソース（元のプログラム情報）に記載され、その情報を元にGoogleなど検索エンジンに検索されます。

表示名は、管理バーの右側に「こんにちは、〇〇〇さん」と表示されている部分の名前のことで、初期状態ではWordPressのユーザー名が表示されています。ホームページの方に表示されたときや複数の管理者で管理しているときに分かりやすいように、ニックネームに変更できます。なお、ニックネームを設定してもログインするときに入力するのはユーザー名のままなので気を付けてください。

ホームページにキャッチフレーズを設定できる

できるWP — 株式会社できるWPは、架空の会社であり、インプレス「できるWordPress」書面に基づくサンプルサイトです。

Hint!
キャッチフレーズにはキーワードを盛り込む

キャッチフレーズには、ホームページのキーワードとなる言葉を必ず入れるようにしましょう。例えば、カフェのホームページなら「大宮（地名）」「コーヒー」「カフェ」「自家焙煎」などのキーワードを入れ、「大宮のカフェ。自家焙煎で丁寧に入れるコーヒー」という内容にします。また、略語などは使わないようにしましょう。

58 できる

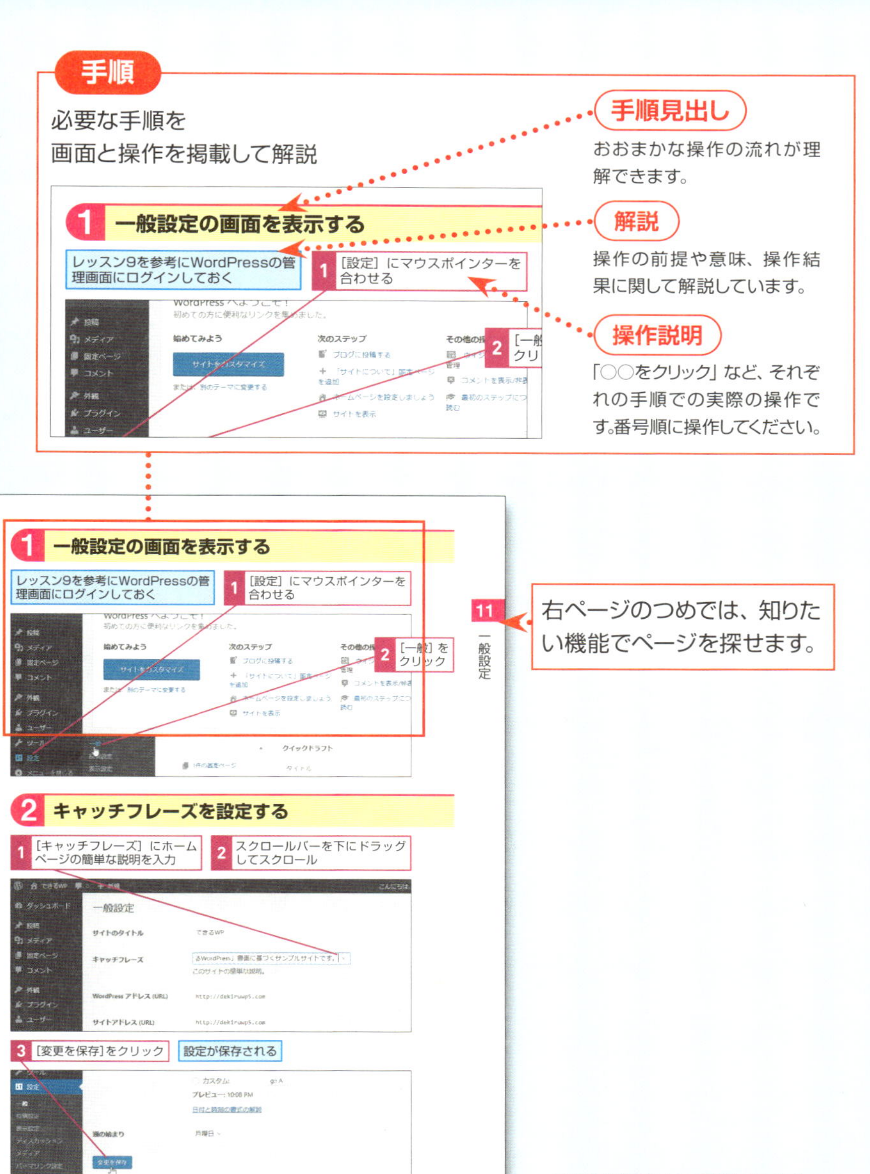

※ここに掲載している紙面はイメージです。実際のレッスンページとは異なります。

目次

第4章 ホームページにコンテンツを投稿しよう 87

第5章 ホームページの投稿を読みやすくしよう 115

第7章 ホームページの機能を充実させよう 165

第8章 ホームページの安全性を高めよう 211

サンプルファイルについて

本書で使用するサンプルファイルは、弊社Webサイトからダウンロードできます。サンプルファイルと書籍を併用することで、より理解が深まります。

▼サンプルファイルのダウンロードページ

https://book.impress.co.jp/books/1119101053

●本書に掲載されている情報について

・本書で紹介する操作はすべて、2019年5月現在の情報です。

・本書では、「Windows 10」がインストールされているパソコンで、インターネットに常時接続されている環境を前提に画面を再現しています。

・本書は2019年6月発刊の『できるWordPress WordPress Ver.5.x対応 本格ホームページが簡単に作れる本』の一部を再編集し構成しています。重複する内容があることを、あらかじめご了承ください。

第1章

WordPressとホームページの基本を知ろう

いざホームページを作りたいと思っても、どこから始めていいのか分からないかもしれません。この章ではホームページ作成に使うツール「WordPress」の基礎知識を説明します。どんなホームページにしたいかをイメージできれば、完成に1歩近づけます。

レッスン 1 WordPressの基本を知ろう

WordPressの基本

人気ナンバーワンCMSとして幅広く普及

「CMS」（コンテンツマネージメントシステム）とは、文章や写真などのコンテンツを管理するシステムです。文章や写真を使って簡単にホームページを更新できるので、HTMLなどのプログラムの知識がない人でも更新作業が可能です。WordPressは、元々はブログサイト作成ソフトでしたが、文章や写真などのコンテンツを管理する機能を備え、ホームページを簡単に管理・更新できるCMSとして、世界でも日本でも圧倒的なシェアを誇ります。PHPというプログラミング言語で開発され、MySQLというデータベース管理システムを利用しています。オープンソースでライセンスフリーなので、誰もがWordPressの開発に参加できるため、プラグインの数も多く、さまざまな機能を追加できることも魅力です。世界中はもちろん、日本でもユーザー数が多いので、インターネット上の情報も豊富で、書籍やセミナーなどで学習しやすい環境が整っています。

Hint!

静的サイトと動的サイトの違いを知ろう

ホームページはその作り方によって、大きく「静的サイト」と「動的サイト」に分けられます。「静的サイト」は主にHTMLを使って作られたもので、作るのは比較的容易ですが、更新には手間がかかるため、更新頻度が少ないホームページに向いています。「動的サイト」は、PHPなどのプログラムを使って作られたものです。最初にしっかり制作する必要がありますが、更新は楽になるため、最新記事を毎日投稿するなど、コンテンツが頻繁に更新されるホームページに向いています。WordPressを使えば、PHPなどのプログラミング知識がなくても動的サイトを作ることができます。

WordPressには2つの種類がある

WordPressにはオープンソースのCMSである「WordPress.org」とオートマティック社が運営するレンタルブログサービスの「WordPress.com」の2つの種類があります。通常「WordPress」と呼ぶ場合には、「WordPress.org」を指すことが多くなっています。本書では、中小企業や個人店のホームページとして使う場合に、よりさまざまな機能に対応できる「WordPress.org」を中心に解説していきます。

WordPressは広く普及していて学習しやすい

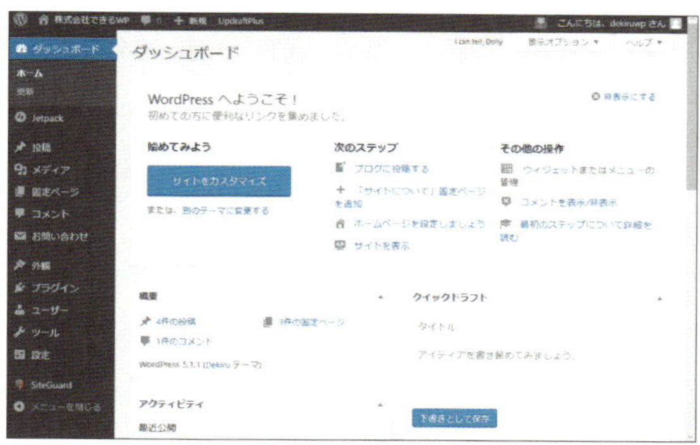

自由度や拡張性の高さが魅力

WordPressはレイアウトの自由度やプラグインを使った機能拡張性が高いことが大きな魅力です。ホームページ全体のデザインや記事やサイドバー、フッターの配置などといったレイアウトは「テーマ」というテンプレートを使って設定します。テーマは種類が豊富で、変更も簡単です。また「プラグイン」と呼ばれる機能拡張のためのツールも豊富にあり、あったら便利だなと思う機能がほぼそろっています。ユーザーも多く、オープンソースのため、「テーマ」や「プラグイン」の開発者も多く、多様な選択肢の中から好みや目的にあったものを探して利用できます。WordPressの利用で困ったとき、検索で何かしらの解決法を見つけられるのも、ユーザーが多いからこその利点です。

Hint!

WordPressの歴史が知りたい

WordPressは、テキサス在住の大学生だったマット・マレンウェッグ（Matt Mullenweg）とイギリス在住のマイク・リトル（Mike Little）が、当時あったオープンソースのブログツール「b2/cafelog」をもとに、より柔軟性に富むツールを作ろうと開発したもので、2003年に登場しました。世界中にコミュニティーがあり、ユーザーが自ら主催し開催する勉強会セミナー「WordCamp」（ワードキャンプ）も世界各地で行われています。

Hint!

テーマやプラグインをカスタマイズできる

「テーマ」「プラグイン」はすでに豊富な種類があるので、その中から利用することも可能ですが、自分で好みや目的に合わせたカスタマイズも可能です。また、オープンソースなので、自分で作ることもできます。カスタマイズや自作する場合、HTML、CSS、PHPなどの知識が必要となります。

テーマ

見ためのデザインのセットです。テーマを変えると一瞬でホームページの全体のデザインを変更できます。元に戻すことも可能です。

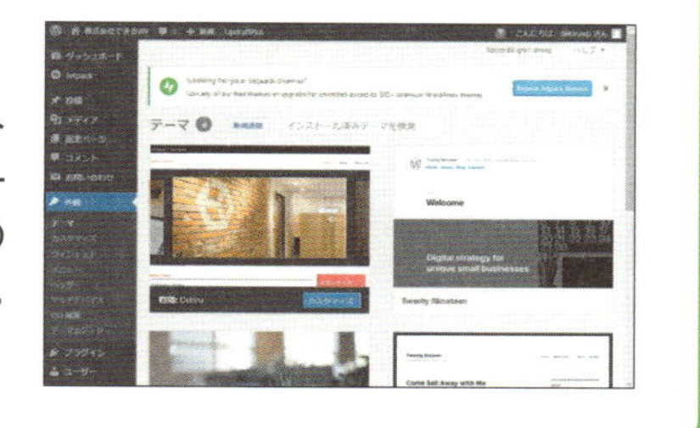

適用

WordPressのホームページ

プラグイン

機能拡張のためのツールです。メールフォームなど、初期状態のWordPressに備わっていない機能を簡単に追加できます。

レッスン 2

どんなホームページにしたいかを考えよう

ホームページの種類と目的

ホームページにはさまざまなタイプがある

ホームページでどんな情報を発信したいですか？「会社情報を紹介したい」「サービスを紹介したい」「商品を販売したい」「コミュニティーを作りたい」「情報を提供したい」などホームページで何をしたいかによって、作成するホームページのタイプが分かれます。
まず「どんなホームページを作りたいか」という全体像をよく考えておくと、制作を進めやすくなり、いいホームページに一歩近づくはずです。もしまだはっきりとしていないようであれば、次ページで紹介するホームページの種類と目的を確認し、イメージに最も近いものを探してみてください。

Hint!

WordPressはどんなホームページに適しているの？

WordPressは更新作業が比較的簡単なので、新商品やキャンペーンの紹介、社長・スタッフブログなど、定期的に情報発信をするホームページに向いています。逆に、更新がほぼないホームページなら、WordPressを使う意義は薄れます。WordPressはテンプレートを利用してホームページを作成するので、ページごとのデザインは基本的に共通となります。ページごとにまったく違うデザインにするときは、WordPress以外のツールを使うことも検討しましょう。

WordPressのデメリットはどんなところ？

使いやすいWordPressですがデメリットもあります。「レンタルサーバー使用料」と、希望のURLにしたい場合の「ドメイン使用料」、という初期費用がかかるのが1つ。また、修正や機能の改善などで、WordPressがバージョンアップされたとき、自分のホームページへの影響がないかどうかをチェックする必要があることです。

●ホームページの主な種類

種類	概要
EC サイト	通信販売を目的とするサイト。一時利用、定期購買など
コミュニティサイト	利用者の交流を目的としたサイト
コーポレートサイト（企業ホームページ）	企業紹介のサイト。会社概要、沿革、商品・サービスの紹介など
採用情報サイト	採用情報を発信するサイト。求人情報に加え、企業紹介、社員インタビューなど
ショップサイト	店の紹介サイト。店のコンセプトや、商品・サービスについての紹介など
ブランディングサイト	ブランド認知のためのサイト。写真を多用し、洗練されたデザインが多い
ブログ	特定もしくはさまざまな話題を定期投稿するサイト。社長ブログやスタッフブログなどによって会社や店舗について身近に感じてもらえることも
プロモーションサイト	特定の商品やサービスのためのサイト。写真を多用し、分かりやすく説明
ポータルサイト、ウェブサービスサイト	インターネットを使うときに最初に使う「入口」となるサイト。検索エンジンなど

次のページに続く

ホームページを作る目的を整理しよう

まずどんな目的のホームページにしたいのかを検討しましょう。本やパンフレットと違い、ホームページは後からでも簡単に変更できると思われがちですが、基本的なデザインや構成を大幅に変更することは、時間も手間もかかります。始めにホームページを作る目的をしっかり整理しましょう。「ホームページで一番伝えたいこと」は、ホームページの内容の構成を考えるキーワードになりますし、「ホームページを見てもらいたい人」はデザインを考える上で重要なポイントです。ターゲットに応じてデザインの傾向を絞ることができます。例えば、20 ～ 30代の女性がターゲットの場合は優しい色合いのかわいらしいデザイン、男性がターゲットの場合はすっきりとしたデザイン、といった具合です。

ホームページ作りは、目的を整理することから始まる

●ホームページの目的の例

目的	適した種類
会社の紹介、認知	コーポレートサイト
商品やサービスの認知向上	プロモーションサイト
ブランドの紹介、イメージ向上	ブランディングサイト
人材採用	採用情報サイト
お店や商品の紹介	ショップサイト
商品の販売	EC サイト
企業やお店を身近に感じてもらう	ブログ
交流の輪を広げる	コミュニティサイト
広告収入を得る、地域の紹介	ポータルサイト

Hint!

あれもこれもと詰め込まないようにしよう

ホームページの目的を確認するときに、大事なことは「目的を絞る」ことです。あれもこれもと欲張りすぎると、それぞれの内容が薄くなってしまうかもしれません。ホームページを見に来る人は「知りたい情報」を求めてくることがほとんどです。もし満足な情報が得られなければ、同業他社のホームページに行ってしまうかもしれません。伝えたい情報を絞り、コンテンツを充実させることが大事です。

レッスン 3

ホームページを作る流れを確認しよう

ホームページを作る流れ

流れを押さえておけば安心

「WordPressでホームページを作ろうと思うけれど、何から始めればいいの？」という方も大丈夫です。ここでは、ホームページ作成の流れを1つ1つ見ていきましょう。「独自ドメインの取得」「サーバーのレンタル」「WordPressのインストール」などは難しく思えるかもしれませんが、サイトの指示に沿って進めていけば、申し込みや手続きができます。「サーバーのレンタルなど、よく分からないところと契約するのは不安」という場合でも、次章でお薦めのレンタルサーバーを紹介するので心配はありません。1つ1つ進めていけばホームページが必ず完成します。

Hint!

事前に用意しておくといいものは？

WordPressでホームページ制作を始めるときに「レンタルサーバー」「独自ドメイン」の手配が済んでいるとスムーズです。もちろん、その場で取得することもできますが、利用できるまでに時間がかかることもあるので、あらかじめ手配しておくといいでしょう。詳しくは、レッスン4とレッスン5で解説します。

●WordPressでのホームページ制作の流れ

❶ 内容の確定

会社の紹介をしたいのか、商品を販売したいのか、コミュニティーを作りたいのかなど、ホームページの目的を明確にしましょう

❷ レンタルサーバーの契約

ホームページを誰でも見られるように公開するためには、サーバーをレンタルする方法が便利です。レンタルサーバーを提供する会社はいろいろあります

❸ 独自ドメインの取得

ホームページのアドレス（URL）を自分の希望のものにしたい場合には「独自ドメイン」を取得する必要があります。ドメインを有料で提供するサイトで契約します

❹ WordPressのインストール

レンタルしたサーバーにWordPressをインストールします。レンタルサーバー会社が運営するサイトでは、「WordPress簡単インストール」という機能が提供されている場合もあります

❺ テーマの設定

ホームページのデザインをWordPressが提供する「テーマ」の中から選びます。作りたいホームページに合うデザインを選びましょう

次のページに続く

❻ 投稿や固定ページの作成

ホームページのコンテンツ（内容）を作成します。WordPressでは、日々更新する情報は「投稿」として掲載し、会社情報など頻繁に変更されない情報は「固定ページ」として掲載します

❼ メニューの作成

ホームページ内の目次に当たるものを「メニュー」といいます。「会社概要」「商品案内」「アクセス」「お問合せ」など、よく使われるメニューは決まっています。作りたいホームページに似ているサイトのメニューも参考にしてもいいかもしれません

❽ プラグインのインストール

作りたいホームページに必要な機能を追加するため、プラグインをインストールします

❾ アクセス解析

Googleが無料で提供するWebページのアクセス解析サービスの「Google Analytics」を利用すると、「サイト訪問者の数」「ページごとの訪問者数」「どこからサイトにきたのか」などを分析できます

Hint!

どの工程に重点を置くといいの？

多くの工程がありますが、「内容の確定」をまずはしっかりやりましょう。そこが明確になれば、ホームページのデザイン、メニュー、必要なプラグインなどもおのずと決まってきます。また、SEOの上では一度使い始めたURLを使い続ける方が効果的です。レンタルサーバーやドメイン取得の際にいくつか比較しながら検討しましょう。

⑩ SEO

Googleなどの検索エンジンで検索されたときに、自分のホームページを表示されやすくすることをSEOといいます。SEOはとても大事な作業なのでしっかりやりましょう

⑪ SNSの活用

ホームページとTwitter、Facebook、Instagramを連携すれば、ホームページを訪問してもらえるきっかけになるかもしれません

⑫ セキュリティの強化

ハッカーによるホームページへの不正アクセスなどを避けるために、セキュリティ対策をしましょう。セキュリティ対策のためのプラグインの導入などが可能です

Hint!

SEOはどうして大切なの？

インターネットで情報を探すときに多くの人がGoogleなどの検索エンジンを使います。検索エンジンで表示された情報の中で最上位にあるものからクリックすることが多いはずなので、検索エンジンの結果で上位に出てくることは重要です。クリックされれば、販売の場合は商品がより売れるかもしれませんし、サービスはより使ってもらえるかもしれません。「なるべく上位に結果が表示されるようにすること」がSEOです。

ステップアップ！

主なCMSを知りたい

WordPressは、大手の企業なども採用しているCMSで、豊富なプラグインで機能拡張ができ、ECサイトとしても十分な機能が使えます。Joomla!はデザインが美しく、管理画面も機能的でスタイリッシュです。テンプレートも豊富で、直感的に操作できます。Drupalは機能的に優れたCMSで、テンプレートは世界中で作られています。どのCMSもレスポンシブウェブデザインという、スマートフォンからの閲覧に対応するテーマが用意されています。

▼WordPressのホームページ
https://ja.wordpress.org

▼Joomla!のホームページ
https://joomla.jp

▼Drupalのホームページ
http://drupal.jp

第2章

ホームページを作る準備をしよう

この章では、ホームページを作り始めるときに必要な作業について順を追って解説します。レンタルサーバーの契約や独自ドメインの取得、WordPressのインストール方法を学んでいきましょう。契約や設定はレンタルサーバーの会社によって異なりますが、大まかな流れは同じです。

レッスン 4

レンタルサーバーを契約するには

レンタルサーバー

レンタルサーバーなら面倒なメンテナンスが不要

ホームページを公開するには、「HTMLで書かれたファイル」を「サーバー」上に保存する必要があります。自宅のパソコンをサーバーにするという方法もありますが、パソコンを24時間つけっぱなしにする必要があるほか、バックアップ対策やメンテナンスが面倒です。レンタルサーバーの貸し出しを専門にしている会社がいくつもあるので、その1つと契約するのが便利です。また、WordPress簡単インストールが利用できるレンタルサーバーを選ぶと、WordPressを簡単に導入できます。

Hint!

ホームページの運用にはどれぐらいお金がかかるの？

サーバーのレンタル費用は提供会社によって異なりますが、月額1,000円以下から月数万円ぐらいになります。個人や小さな会社などでホームページを運用する場合は、低額のサーバーで十分機能するでしょう。独自ドメインの使用料は、ドメインの種類によって異なりますが、初年度は100円～、2年目以降は1,000円～が目安となります。なお、「.jp」などの人気ドメインは使用料が高くなります。

Hint!

レンタルサーバーの容量とは

レンタルサーバーの容量とは、データを保存できる大きさを表します。作りたいホームページにどのくらいの情報を載せたいかによって、レンタルサーバーに必要な容量は変わります。例えば、画像や動画などのサイズの大きなデータを多用するホームページを作る場合は、大容量のレンタルサーバーを選ぶといいでしょう。反対に、文字中心のシンプルなホームページを作る場合は、容量はあまり必要ありません。

Hint!

レンタルサーバーの転送量とは

「転送量」とは、サーバー側からホームページを見ている人に送られるデータの量のことです。テキストよりも画像や動画の方がデータ量は多くなるほか、アクセス数が多いときも、転送量は多くなります。アクセスが一気に増え、データ転送量の容量を超えてしまうと、ホームページが閲覧しにくくなることもあるので、閲覧数を考慮して転送量を選ぶといいでしょう。

バックアップやメンテナンスを考えると、レンタルサーバーを利用する方が合理的

次のページに続く

1 レンタルサーバー会社のホームページを表示する

Microsoft Edgeを起動しておく

1 右のURLを入力

2 Enter キーを押す

▼ロリポップ！のホームページ
https://lolipop.jp/

ホームページの下の方に移動していく

3 ここを下にドラッグしてスクロール

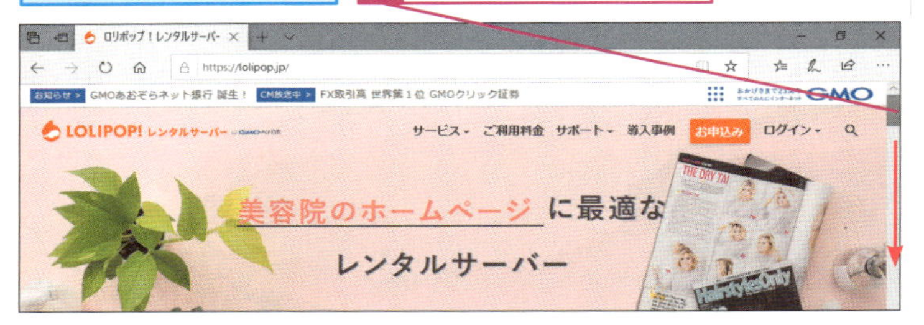

2 レンタルのプランを選択する

ロリポップ！には「エコノミー（月額100円）」「ライト（月額250円～）」「スタンダード（月額500円～）」「エンタープライズ（月額2,000円～）」の4つのプランがある

ここでは、スタンダードプランを契約する

1 ［スタンダード］の［10日間無料でお試し］をクリック

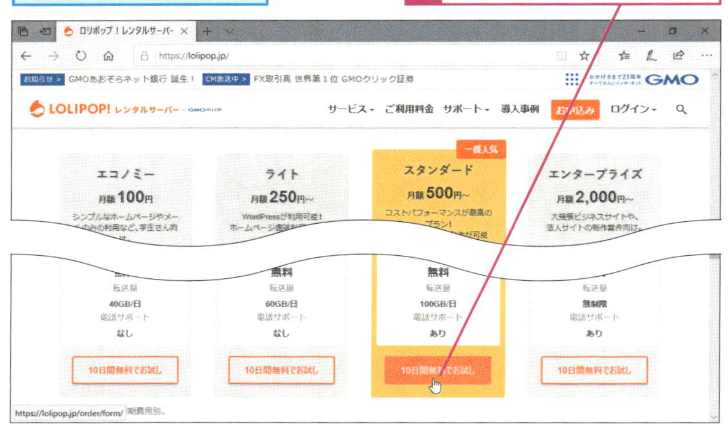

3 アカウントの情報を入力する

申し込みに必要な情報を入力していく

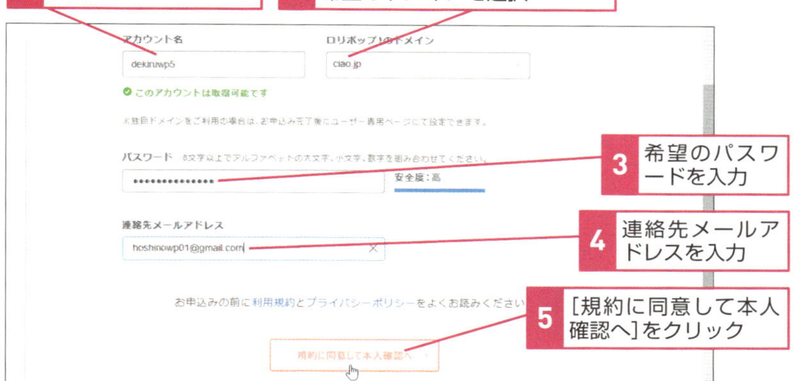

4 SMSで認証を実行する

携帯電話で認証コードを受信する

携帯電話に届いた認証コードを確認しておく

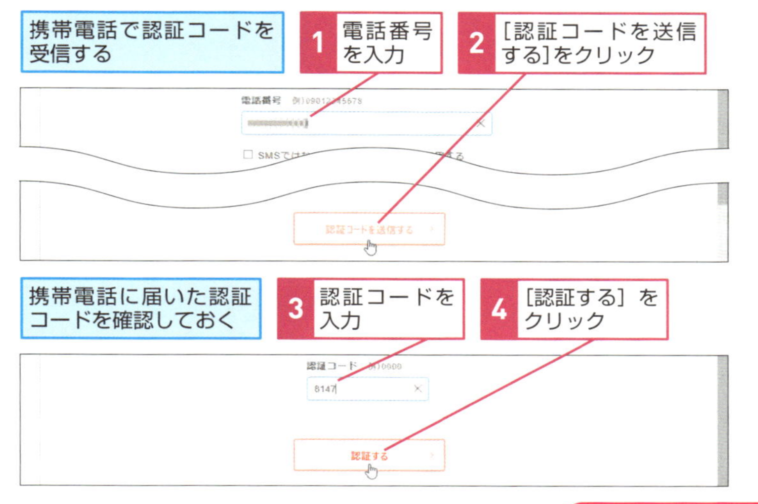

次のページに続く

5 申し込み内容を入力する

引き続き申し込みに必要な情報を入力していく

1 名前を入力

2 フリガナを入力

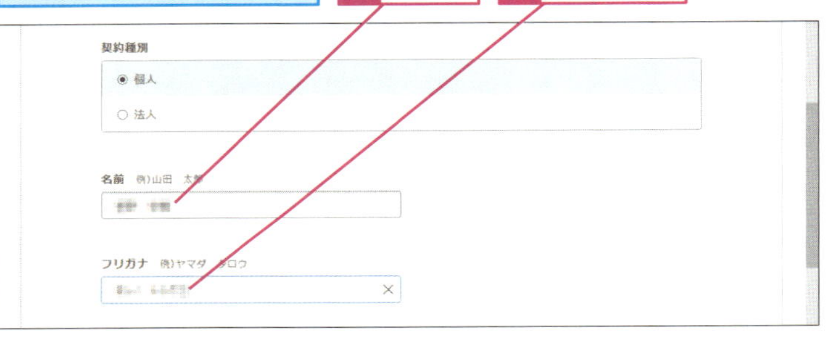

画面を下にスクロールして郵便番号、住所、電話番号を入力しておく

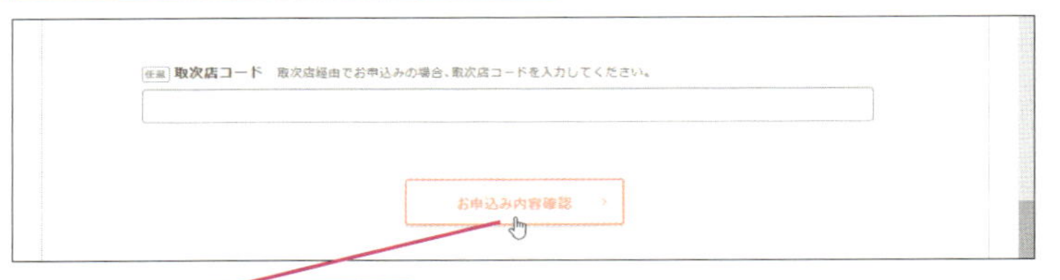

3 ［お申込み内容確認］をクリック

6 入力内容を確認する

1 入力内容に間違いがないか確認

2 ここを下にドラッグしてスクロール

7 申し込みを確定する

入力内容に間違いがなければ申し込みを確定する

1 ［無料お試し開始］をクリック

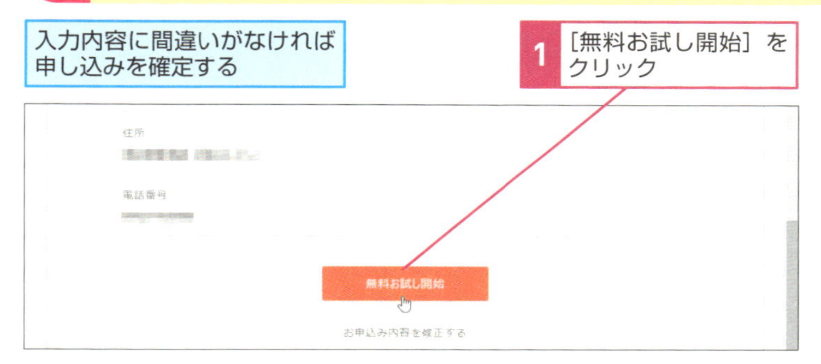

8 レンタルサーバーの契約が完了した

レンタルサーバー利用の申し込みが完了した

ロリポップ！では、最初の申し込みから10日間は無料で利用できる

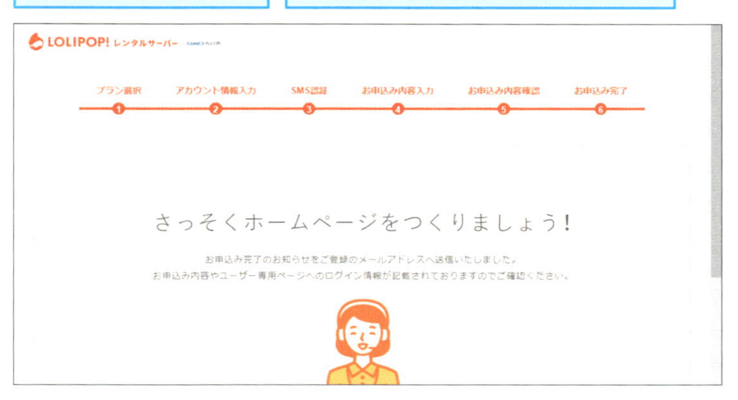

Hint!

パスワードを保存してもいいの？

Webブラウザーによっては、手順3の操作を実行したときにパスワード保存に関するメッセージが表示される場合があります。パスワードを保存すると、都度パスワードを入力する手間を省けます。ただし、1台のパソコンを複数人で共有して使っているときなどは、パスワードを保存しないようにしましょう。

レッスン 5

独自ドメインを取得するには

独自ドメイン

世界で1つだけの「住所」を持とう

ホームページがどこにあるかを表す住所をURLといい、「http://」もしくは「https://」の後に続く部分をドメインといいます。レンタルサーバーを借りると、大体の場合無料のドメイン名が付いています。例えばロリポップ！では「https://○○○.ciao.jp」などとなります。「.ciao.jp」の部分はいくつか決められた候補の中から選べます。そのままでも問題はありませんが、店や会社の場合は、店名、社名を入れて、「.jp」「.com」「.biz」などで終わるアドレスの方が覚えてもらいやすく、信頼度も上がります。自分でドメイン名の末尾の部分まで決められるものを独自ドメインといいます。取得には費用がかかりますが、お店や会社の場合には独自ドメインがお薦めです。このレッスンでは、前のレッスンでレンタルサーバーを取得したときに無料で割り当てられたドメインから、有料の独自ドメインに乗り換える操作を紹介します。

独自ドメインはURLを覚えやすく信頼度も上がる

Hint!

主な独自ドメイン取得会社は

独自ドメインは右のようなサービスで取得できます。本書ではレンタルサーバーにロリポップ！を使って説明していることもあり、運営会社が同じムームードメインを使い説明します。運営会社が同じ場合、連携されていることが多く、管理画面からの設定が簡単になったりしますので、初心者は運営会社をそろえるのもお薦めです。

●主な独自ドメイン取得サービス

サービス名	説明
ムームードメイン	価格が安い、管理画面の使い方が分かりやすいので初心者にお薦め。運営会社が同じロリポップ！と連携している
お名前.com	価格が安い、管理画面がシンプル。24時間365日電話サポート対応
スタードメイン	価格が安い、ドメインごとにレンタルサーバーが無料で使用できる

1 ムームードメインのホームページを表示する

ここではムームードメインのホームページで独自ドメインの取得手続きを行う

▼ムームードメインのホームページ
https://muumuu-domain.com/

1 上のURLを入力

2 Enterキーを押す

3 取得したいドメインを入力

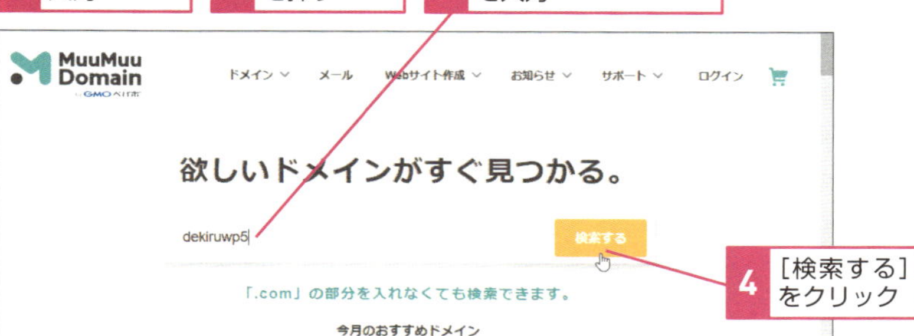

4 ［検索する］をクリック

次のページに続く

2 取得するドメインを選択する

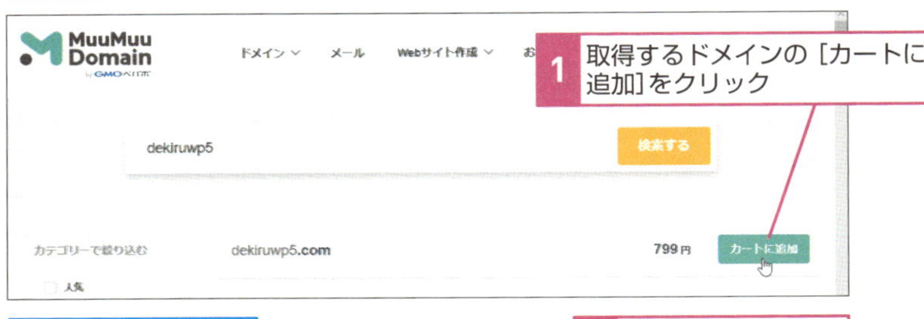

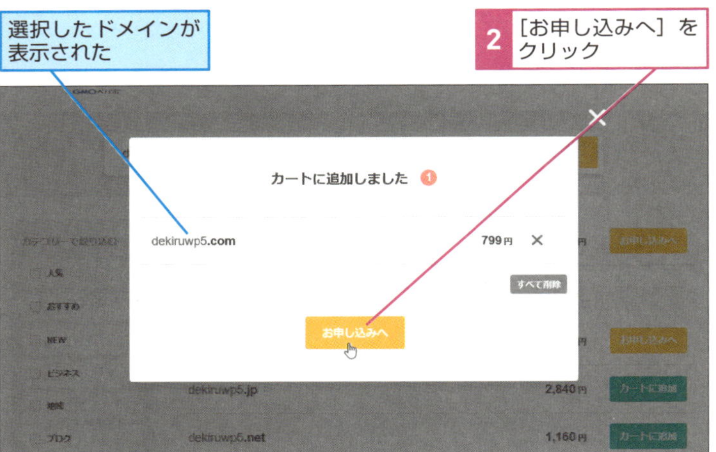

Hint! ドメインは早いもの勝ち

ドメインは基本的に早い者勝ちです。すでに取得されているものは、使うことができません。短く簡潔なドメインがお薦めですが、使いたい文字列が取得済みの場合は、あまり長くなりすぎない程度に、文字を付け加えてみましょう。

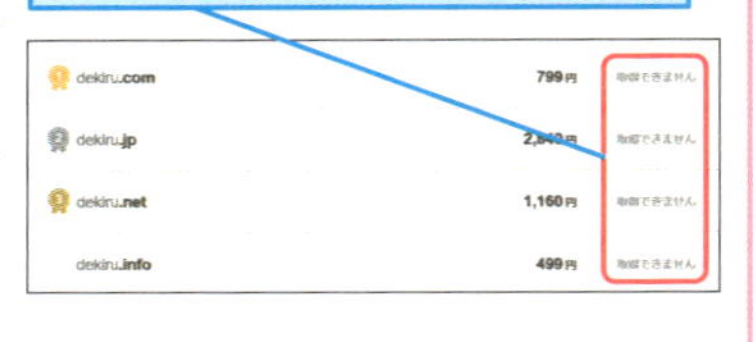

3 ムームーIDを新規登録する

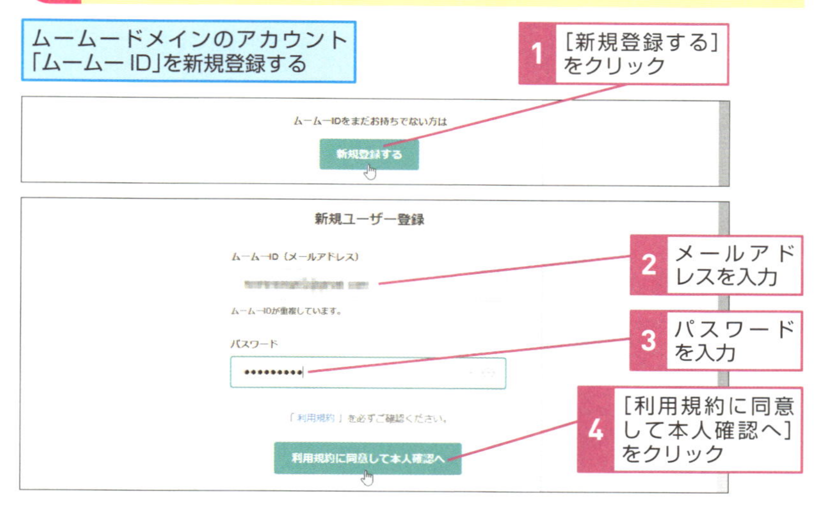

4 SMSで認証を実行する

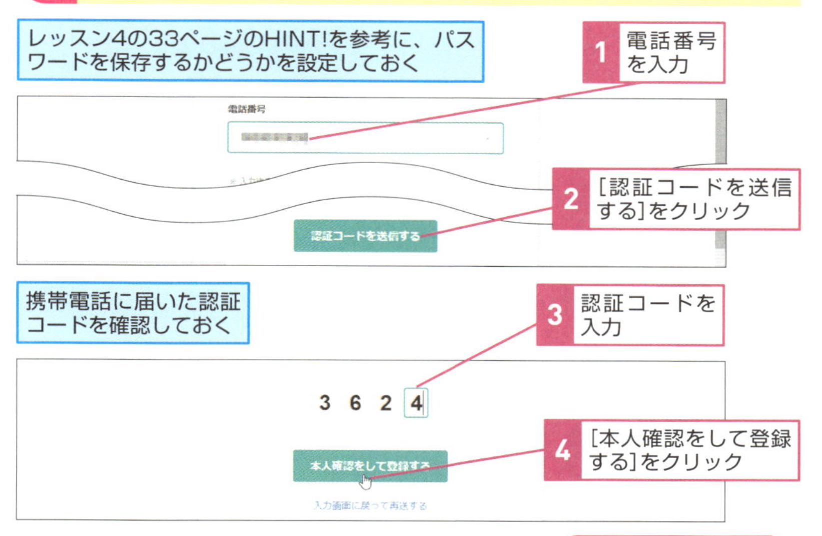

次のページに続く

5 必要な情報を入力する

ムームーIDを新規登録できた

ドメインの取得に必要な情報を入力していく

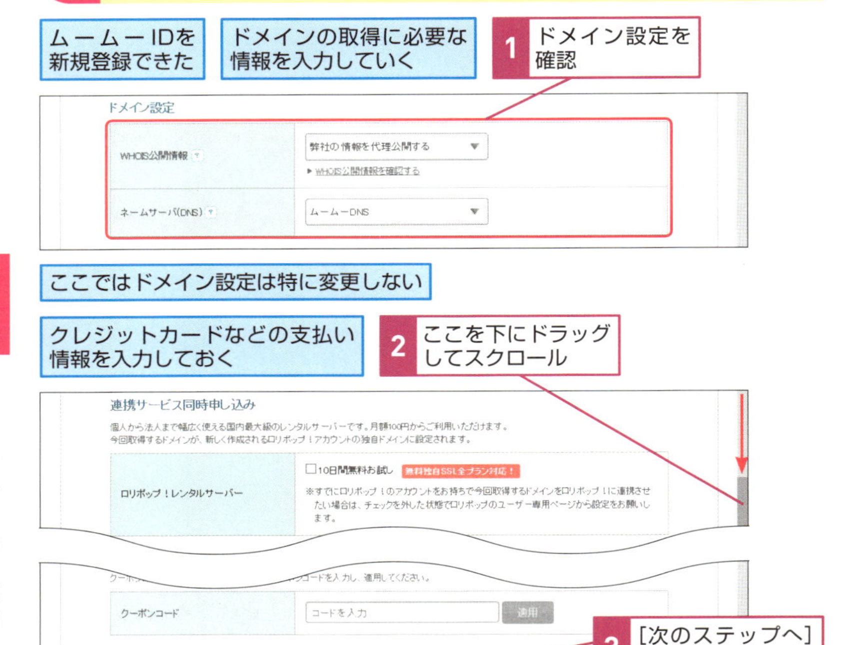

6 連携サービスの案内が表示される

ムームードメインの連携サービスの案内が表示された

ここでは特に操作せず次の画面に進む

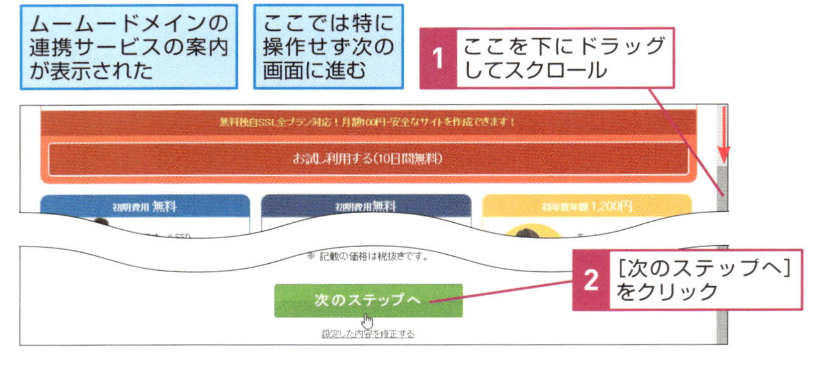

第2章 ホームページを作る準備をしよう

7 ユーザー情報を入力する

ドメインの取得に必要なユーザー情報を入力していく

1 ［必須］の項目を入力

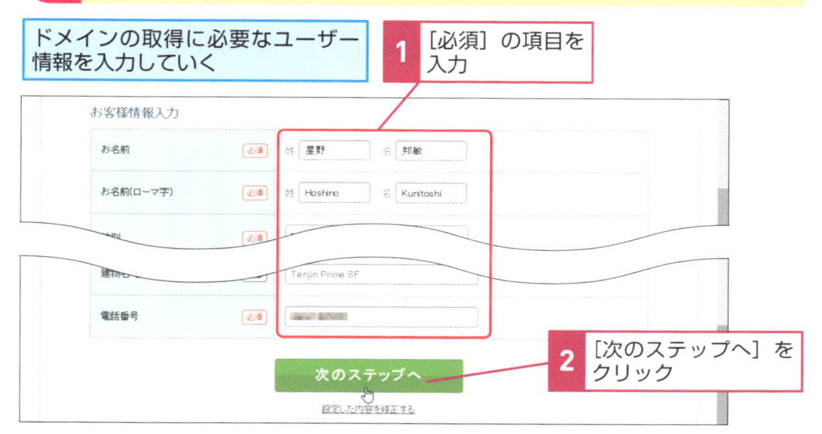

2 ［次のステップへ］をクリック

8 入力内容を確認してドメインを取得する

スクロールバーを下にドラッグして入力内容を確認していく

1 入力内容を確認

2 ［下記の規約に同意します］をクリックしてチェックマークを付ける

3 ［取得する］をクリック

独自ドメインが取得できる

5 独自ドメイン

レッスン 6

独自ドメインを設定するには

独自ドメイン設定

取得した独自ドメインを正しく設定しよう

レンタルサーバーと契約すると、無料のドメインが付与されます。それを使用してホームページのURLを設定しても問題はありませんが、レンタルサーバーが提供する中から選ぶため、トップレベルドメインが自由に選べない、将来サーバーを変更することになった場合にURLが変更になる、などデメリットもあります。お店や会社のホームページとして長く使う予定のURLの場合は、独自ドメインがお勧めです。初めに独自ドメインを設定すれば、そのような心配はなくなり、ホームページのコンテンツの充実に集中できます。一見難しそうですが、手順通りに進めれば大丈夫です。

取得した独自ドメインを設定する

■ステップ2. 独自ドメインをロリポップ！に設定する

設定する『独自ドメイン』と、独自ドメインのURLにアクセスした際に表示させたいデータが入った『公開フォルダ』を入力して、『独自ドメインをチェックする』をクリックしてください。

設定する独自ドメイン	http:// dekiruwp5.com / ■ 次のURLでもアクセスできます。 http://www.dekiruwp5.com ・日本語ドメインはこちらから登録できます。
公開（アップロード）フォルダ	ここで指定したフォルダ内のデータが http://独自ドメイン/ にアクセスした際に表示されます。 wordpress

下記のドメインで設定を行います。間違いなければ、設定ボタンをクリックしてください。

設定する独自ドメイン	http://dekiruwp5.com
公開（アップロード）フォルダ	/wordpress

設　定

第2章 ホームページを作る準備をしよう

1 ロリポップ！のユーザー専用ページにログインする

Webブラウザーを起動しておく

▼ロリポップ！のユーザー専用ページ
https://user.lolipop.jp/

1 上のURLを入力

2 Enter キーを押す

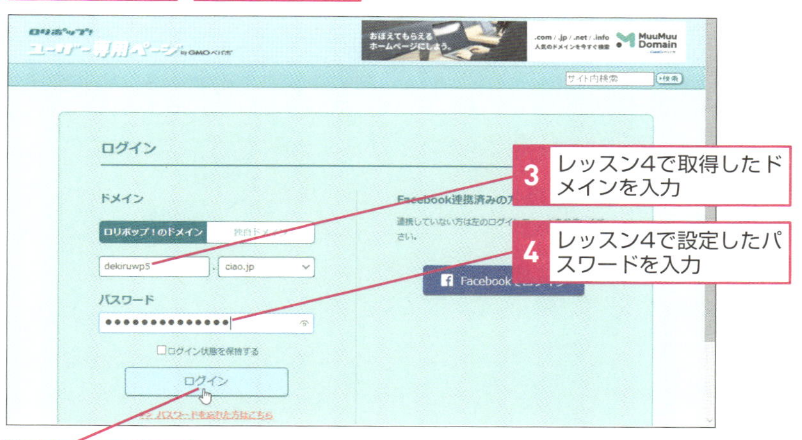

3 レッスン4で取得したドメインを入力

4 レッスン4で設定したパスワードを入力

5 ［ログイン］をクリック

2 独自ドメインの設定を開始する

ロリポップ！のユーザー専用ページが表示された

1 ［サーバーの管理・設定］にマウスポインターを合わせる

2 ［独自ドメイン設定］をクリック

次のページに続く

3 独自ドメインの情報を入力する

設定する独自ドメインの情報を入力していく

1 ［設定する独自ドメイン］にレッスン5で取得した独自ドメインを入力

■ステップ2. 独自ドメインをロリポップ！に設定する

設定する『独自ドメイン』と、独自ドメインのURLにアクセスした際に表示させたいデータが入った『公開フォルダ』を入力して、『独自ドメインをチェックする』をクリックしてください。

設定する独自ドメイン	http:// dekiruwp5.com / ■ 次のURLでもアクセスできます。 http://www.dekiruwp5.com ・日本語ドメインはこちらから登録できます。
公開（アップロード）フォルダ	ここで指定したフォルダ内のデータが http://独自ドメイン/ にアクセスした際に表示されます。 wordpress

独自ドメインをチェックする　戻る

2 ［公開（アップロード）フォルダ］に「wordpress」と入力

3 ［独自ドメインをチェックする］をクリック

設定する独自ドメインの情報を入力していく

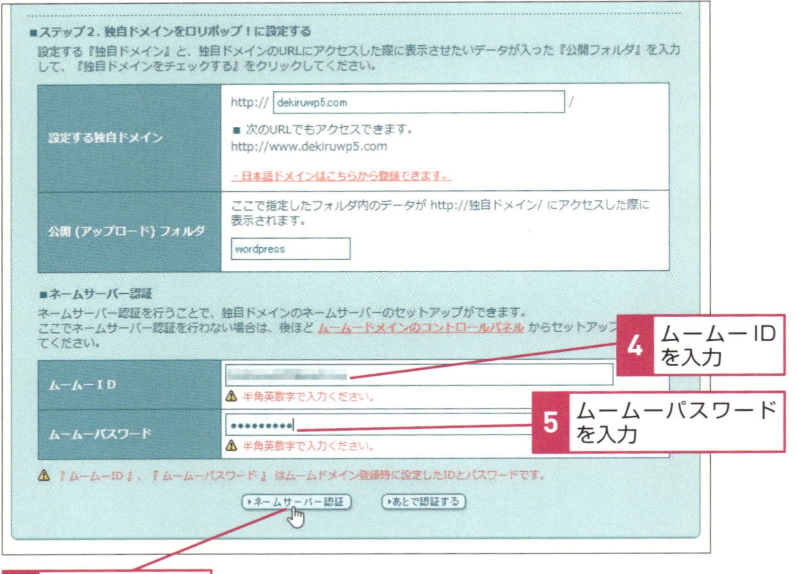

6 ［ネームサーバー認証］をクリック

第2章 ホームページを作る準備をしよう

4 独自ドメインを設定する

1 表示内容を確認

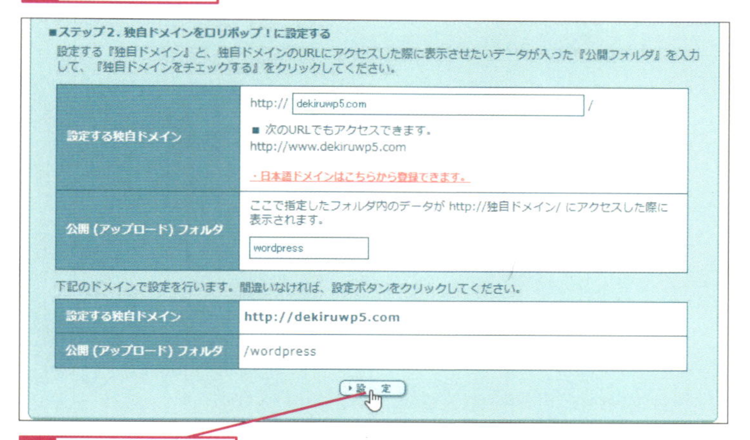

2 [設定]をクリック

ドメイン設定を確認する
メッセージが表示された

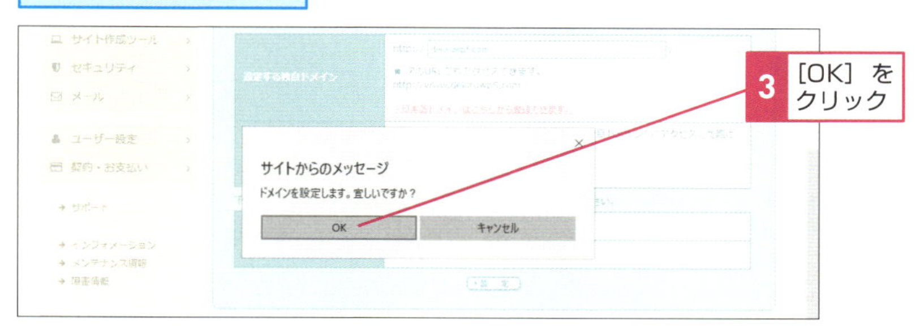

3 [OK] を
クリック

独自ドメインの登録が完了する

Hint!

独自ドメインの設定には時間がかかる

独自ドメインの設定終了までには1時間程度かかる場合があります。早くホームページのコンテンツの制作に取りかかりたくなりますが、焦りは禁物です。時間を置いてから作業を再開するようにしましょう。

レッスン
7

URLを常時SSL化するには

独自SSL証明書導入

ホームページを安心して見てもらうために

インターネットを通じて、商品を購入する、サービスを受ける、コミュニティを作るなど、さまざまなことができるようになりました。便利になった一方で、その安全性に関心が高まっています。サービスを利用する際に入力する個人情報、クレジットカードの情報など、大事な情報がインターネット上でやりとりされているためです。ホームページを訪れた人が安心してサービスを使えるように、あなたのホームページのURLを「暗号化」することを「常時SSL化」といいます。このレッスンでは、独自SSL証明書を導入して「常時SSL化」する手順を説明します。

URLを常時SSL化する

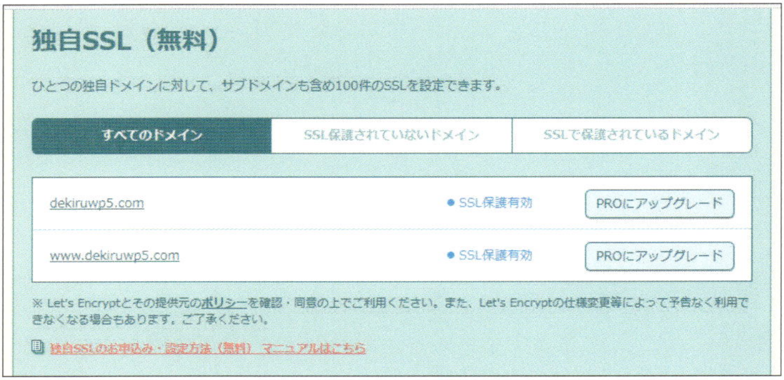

1 独自SSLの設定画面を表示する

レッスン6を参考に、ロリポップ！のユーザー専用ページにログインしておく

1 [セキュリティ] にマウスポインターを合わせる

2 [独自SSL証明書導入] をクリック

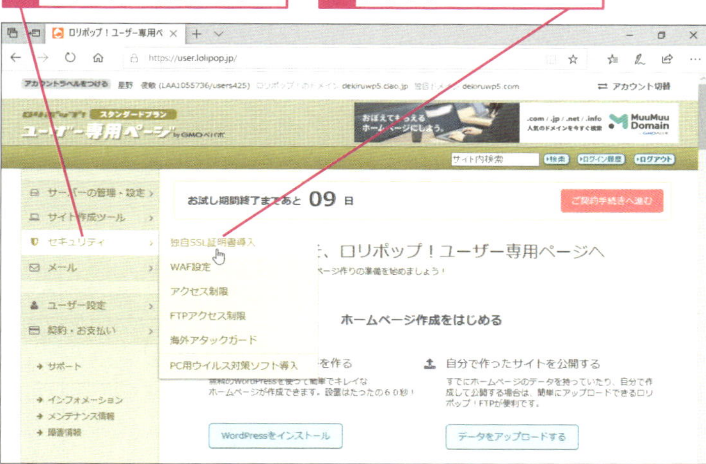

3 [無料独自SSLを設定する]をクリック

次のページに続く

2 独自SSLを設定する

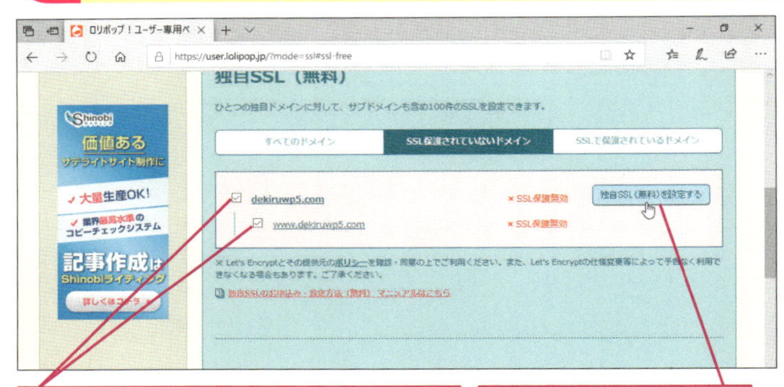

1 独自SSLを設定するドメインのここをクリックしてチェックマークを付ける

2 ［独自SSL（無料）を設定する］をクリック

3 5分以上待つ

Hint! SSL化って何？

ホームページを見るときには、閲覧者とホームページ（のサーバー）と通信のやりとりが発生します。その際の「通信される情報」を他人に見られないように「暗号化する」ことを「SSL化」といいます。以前は、ホームページの中で、商品を購入するページ、会員登録のページなど、大事な情報をやりとりするページのみSSL化することが多かったのですが、最近は、安全性に対する意識が高まり、Google Chromeなどの主要なブラウザがSSL非対応のページを表示させると警告を出す仕組みになりました。そのため、利用者に安全なホームページと認識してもらうためにも、ホームページの全ページをSSL化することが多くなってきています。全ページをSSL化することを常時SSL化といいます。

3 独自SSLが設定されたか確認する

［SSL設定作業中］と表示されている

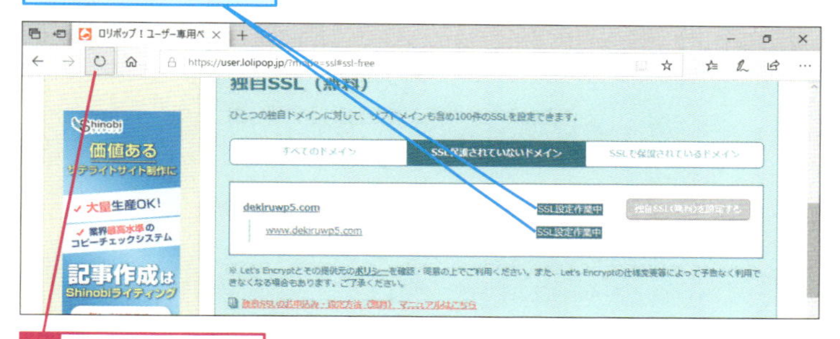

1 ［更新］をクリック

［SSL保護有効］と表示された

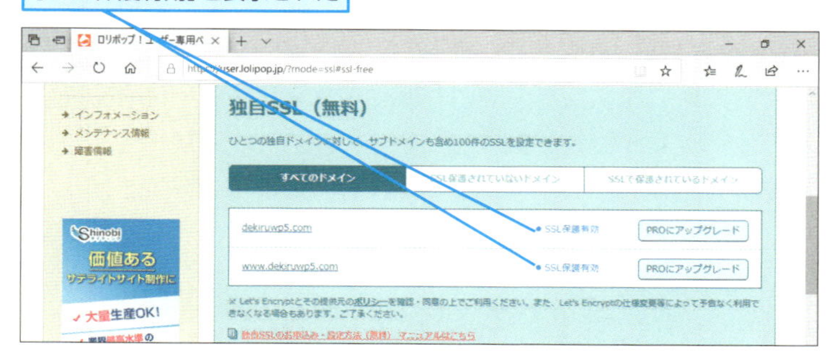

Hint!

独自SSLは最初から設定した方が良いの？

非SSLページをSSL化することは後からでもできますが、できれば最初からSSL化することをお薦めします。なぜなら、非SSLのページは「http://～」、SSL化されているページは「https://～」で始まるURLとなりますが、「s」が追加されただけとはいえ、その2つのURLは異なるページとしてインターネット上では認識されます。そのため、「http://～」でブックマークされたり、リンクが貼られていたりする場合は、「https://～」に変更後は、ページにたどり着くことができません。独自SSLを利用する予定がある場合は、最初に設定するといいでしょう。

レッスン
8

WordPressを使えるようにするには

WordPress簡単インストール

ハードルの高いインストールを簡略化できる

WordPressをインストールするには、まずWordPressをダウンロードし、ダウンロードしたものを、FTPクライアントを使って、レンタルサーバーにファイルを転送します。さらに、PHPやMySQLでデータベースの設定を行う必要があります。順を追っていけば難しいことではないのですが、初心者には少しだけハードルが高いかもしれません。レンタルサーバーには、WordPressなどよく使われるCMSの簡単インストールというシステムがあることが多く、これを利用すれば、上記の煩雑な設定をスキップして、短時間で簡単にアプリケーションを設置できます。このレッスンでは、ロリポップ！で利用できる簡単インストールの例でWordPressをサーバーにインストールする方法を紹介します。

ブラウザー上の簡単な操作で
WordPressをインストールできる

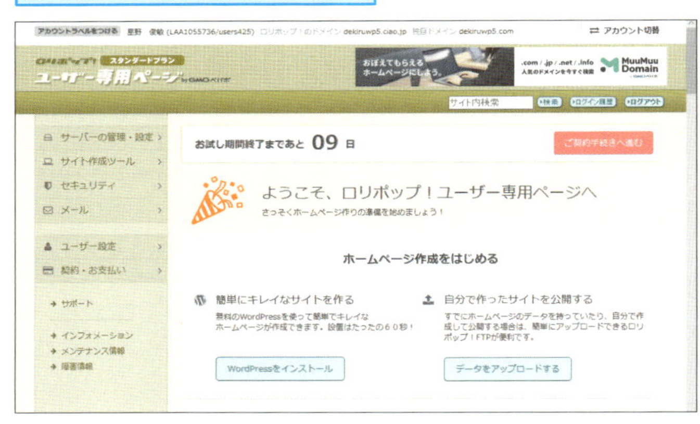

Hint!

FTPクライアントとは

サーバーにアクセスしてファイルをアップロードしたりダウンロードしたりするためのソフトウェアです。自分のパソコンで作ったホームページのファイルをレンタルサーバーにアップロードするときに利用されています。WindowsではFileZillaやFFFTPなど、無料で利用できるFTPクライアントがよく使われています。

1 WordPress簡単インストールの画面を表示する

レッスン4の33ページのHINT!を参考に、パスワードを保存するかどうかを設定しておく

簡単インストールを実行していく

1 [サイト作成ツール] にマウスポインターを合わせる

2 [WordPress簡単インストール]をクリック

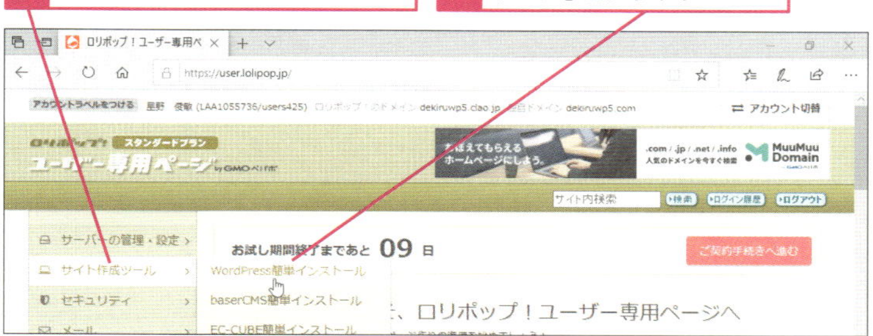

2 インストール先のURLを設定する

インストール先のURLを設定する

1 ここをクリックして独自ドメインを選択

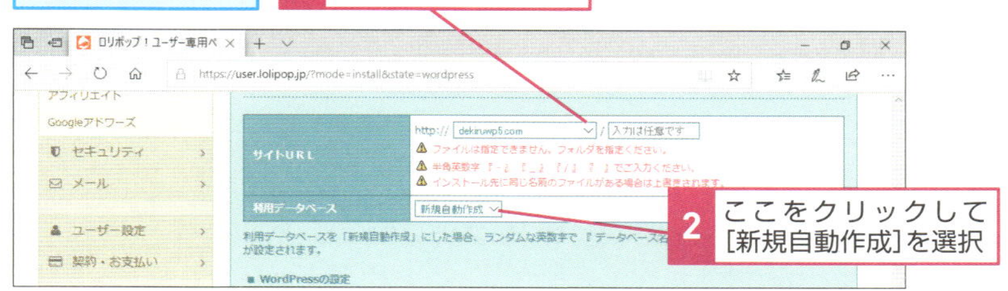

2 ここをクリックして[新規自動作成]を選択

次のページに続く

3 ホームページのタイトルやユーザー名、パスワードを設定する

インストール後に作成するホームページのタイトルやユーザー名、パスワードなどを設定する

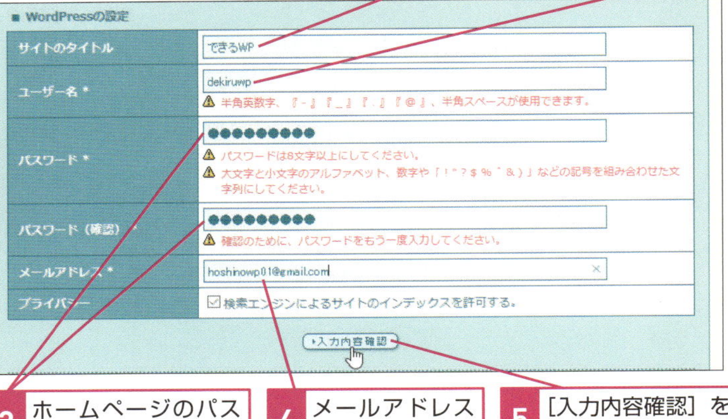

4 入力内容を確認する

レッスン4の33ページのHINT!を参考に、パスワードを保存するかどうかを設定しておく

入力内容に間違いがないか確認する

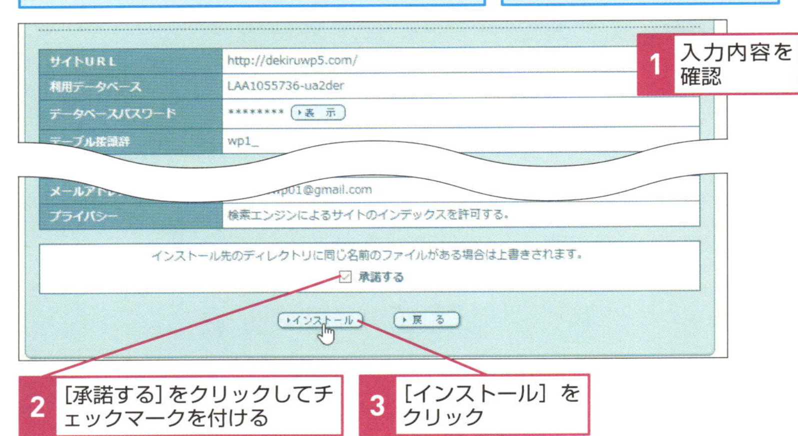

5 WordPressのインストールが完了した

WordPressのインストールが完了した

1 ［管理者ページURL］のURLをクリック

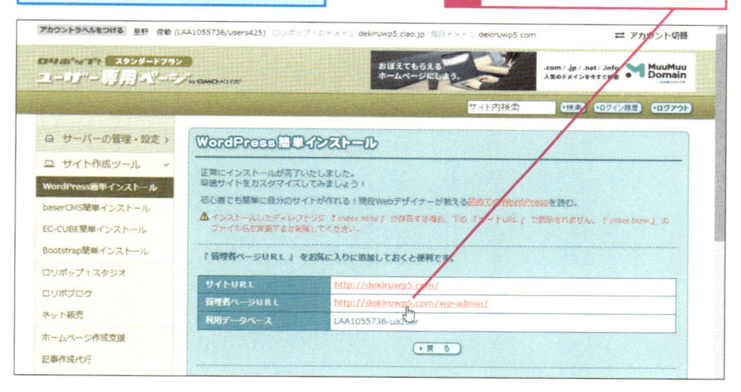

6 WordPressの管理画面へのログイン画面が表示された

ホームページの管理画面へのログイン画面が表示された

レッスン 9

WordPressの管理画面にログインするには

管理画面

管理画面がすべての作業の起点になる

WordPressでは、記事の投稿や編集は管理画面から行います。ホームページは誰でも見られますが、管理画面を利用できるのは、WordPressのユーザー名とパスワードを知っている人だけです。管理画面では、記事の投稿や編集のほか、画像の登録やコメント欄の管理、いろいろな設定の変更、プラグインの追加、デザインの修正、ユーザーの管理などホームページのコンテンツ作成に関する作業ができます。左のメニューをそれぞれクリックしてどこでどんな作業ができるかひと通り確認しておきましょう。

ログイン画面から管理画面を表示できる

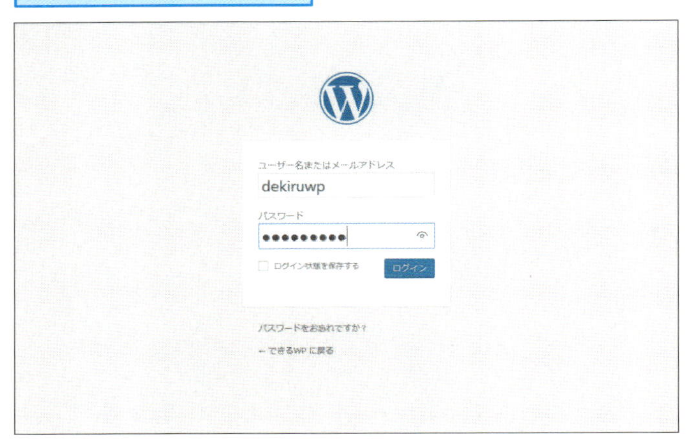

1 ユーザー名とパスワードを入力する

レッスン8を参考に、WordPressの管理画面へのログイン画面を表示しておく

1 ユーザー名を入力

2 パスワードを入力

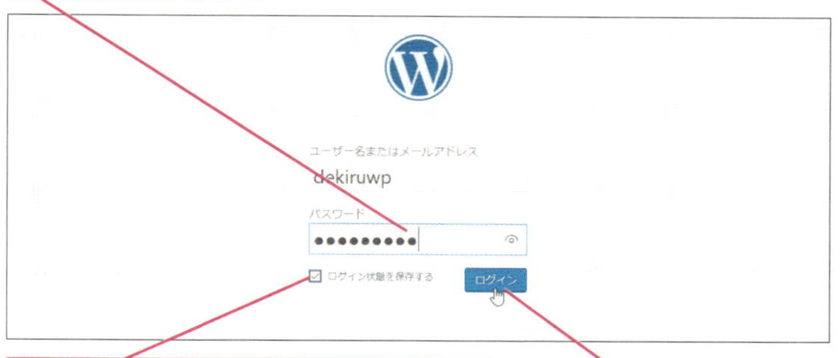

3 ［ログイン状態を保存する］をクリックしてチェックマークを付ける

4 ［ログイン］をクリック

Hint!
管理画面のユーザー名とパスワードは？

WordPressの管理画面に入力するユーザー名とパスワードはレッスン8で設定したものです。ロリポップ！やムームードメインのIDとパスワードとは異なるので、注意しましょう。間違えると、ブルブルっと画面が揺れて「ユーザー名またはパスワードが違います」と表示されます。

次のページに続く

2 管理画面にログインできた

レッスン4の33ページのHINT!を参考に、パスワードを保存するかどうかを設定しておく

WordPressの管理画面にログインできた

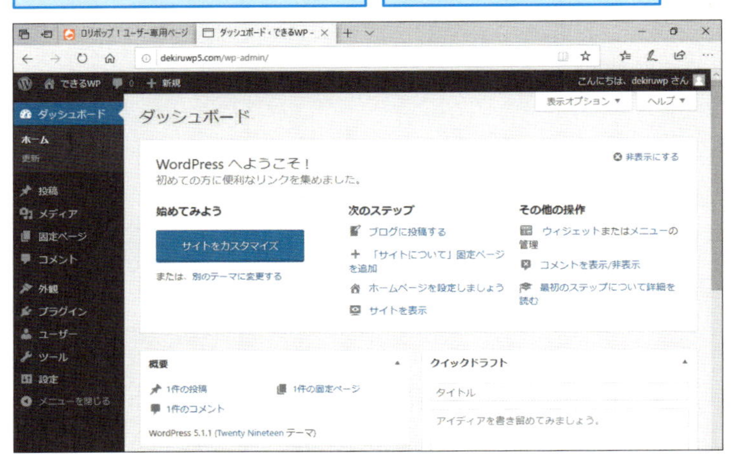

後からログイン画面を表示するには

一度作業を中断してWebブラウザーを閉じ、また再開するときには、レッスン8でWordPressのインストールが完了した時に表示された「管理者ページURL」に行くと「ログイン画面」がでてきます。もしも、忘れてしまった場合には、サイトURLの最後に「/wp-login.php」を追加すればログイン画面にたどりつけます。慌てないためにも、「管理者ページURL」をブックマークしておくといいでしょう。

Hint!

管理画面からログアウトするには

ログインしている管理画面からログアウトするには、管理バーの右に表示されているユーザー名にマウスポインターを合わせます。メニューが表示されたら[ログアウト]を選びましょう。

1 ユーザー名にマウスポインターを合わせる

2 [ログアウト]をクリック

管理画面からログアウトできる

レッスン
10

管理画面を確認しよう

管理画面の構成

投稿に使う画面を見てみよう

WordPressで制作したホームページは、誰でも見られる「ホームページ側」と、投稿やコンテンツの編集などをする「管理画面側」の2つの画面があります。管理画面はユーザー名とパスワードを知っている人のみ入ることができます。管理画面は「管理バー」「サイドバー（ナビゲーションメニュー）」「ダッシュボードが最初に表示される作業する画面」「ユーザー名」で構成されています。主な機能や名称などを覚えておきましょう。

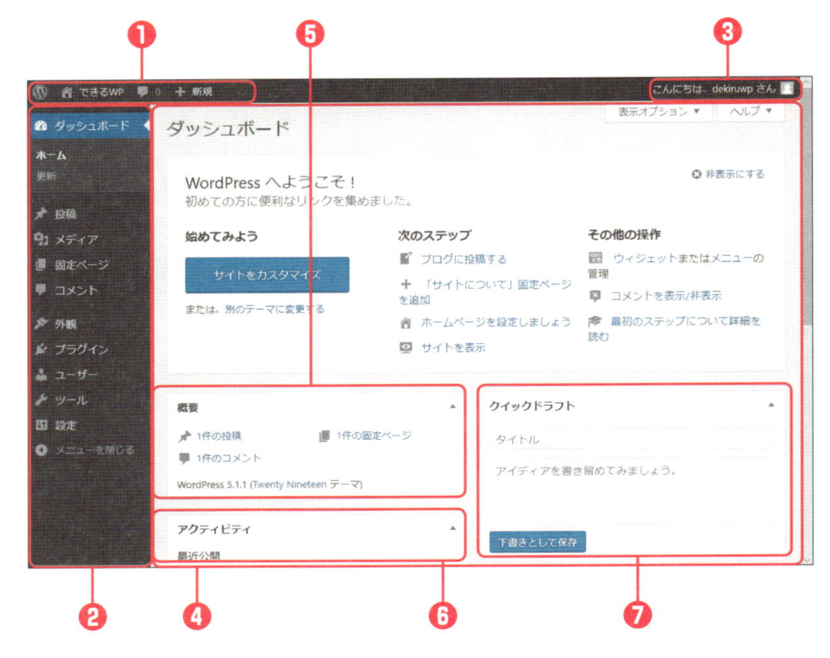

❶管理バー

ホームページ側の画面と管理画面を切り替えられます。ログインしている間は、ホームページ側を見ているときにも常に管理バーが表示されますが、ログインしていない人には表示されません。

ホームページ名をクリックすると、管理画面と閲覧画面を切り替えられる

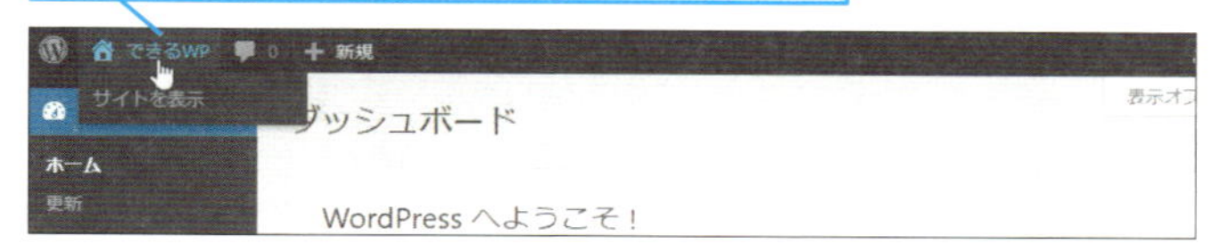

❷サイドバー

投稿（コンテンツ）、メディア（画像）、コメントの管理、外観（デザイン）、プラグイン、ユーザーなど、管理画面で作業できるメニューがここで切り替えられます。

❸ユーザー名

右上のユーザー名にマウスポインターを合わせると、［プロフィールを編集］［ログアウト］という項目が選べます。管理画面からログアウトしたいときはここから操作します。

ユーザー名にマウスポインターを合わせると、プロフィールの編集やログアウトができる

❹ダッシュボード

最初に表示される画面です。投稿数や更新状況などが表示されています。

❺概要

投稿数、固定ページの数、コメントの数などを確認できます。

❻アクティビティ

最近公開した投稿、最新のコメントが表示されます。コメントの承認（または拒否）、編集、コメントした人への返信などもできます。

❼クイックドラフト

アイデアなどを書き留めておく、メモ帳のような場所です。最新の3つが表示されるので、それより前のメモは右側にある［すべて表示］ボタンをクリックして表示させてください。

レッスン 11

キャッチフレーズや名前を設定するには

一般設定

ホームページのコンセプトや目的を伝えよう

キャッチフレーズはホームページのサブタイトルのようなもので、ホームページのコンセプトを具体的かつ簡潔に説明します。このキャッチフレーズは、ホームページのソース（元のプログラム情報）に記載され、その情報を元にGoogleなど検索エンジンに検索されます。

表示名は、管理バーの右側に「こんにちは、○○○さん」と表示されている部分の名前のことで、初期状態ではWordPressのユーザー名が表示されています。ホームページの方に表示されたときや複数の管理者で管理しているときに分かりやすいように、ニックネームに変更できます。なお、ニックネームを設定してもログインするときに入力するのはユーザー名のままなので気を付けてください。

ホームページにキャッチフレーズを設定できる

できるWP　カスタマイズ　0　新規　こんにちは、dekiruwp さん

できるWP ― 株式会社できるWPは、架空の会社であり、インプレス「できるWordPress」書面に基づくサンプルサイトです。

Hint!

キャッチフレーズにはキーワードを盛り込む

キャッチフレーズには、ホームページのキーワードとなる言葉を必ず入れるようにしましょう。例えば、カフェのホームページなら「大宮（地名）」「コーヒー」「カフェ」「自家焙煎」などのキーワードを入れ、「大宮のカフェ。自家焙煎で丁寧に入れるコーヒー」という内容にします。また、略語などは使わないようにしましょう。

1 一般設定の画面を表示する

レッスン9を参考にWordPressの管理画面にログインしておく

1 ［設定］にマウスポインターを合わせる

2 ［一般］をクリック

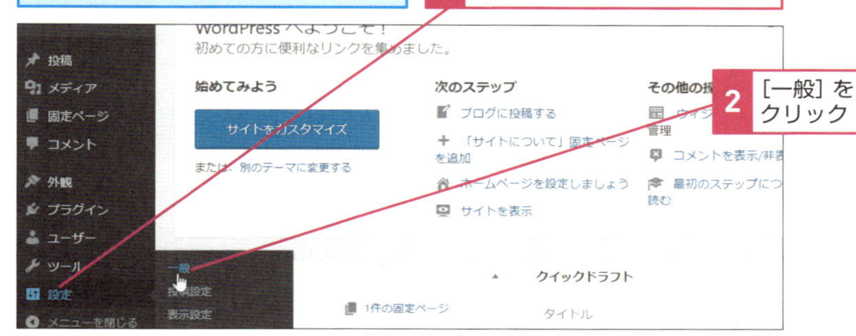

2 キャッチフレーズを設定する

1 ［キャッチフレーズ］にホームページの簡単な説明を入力

2 スクロールバーを下にドラッグしてスクロール

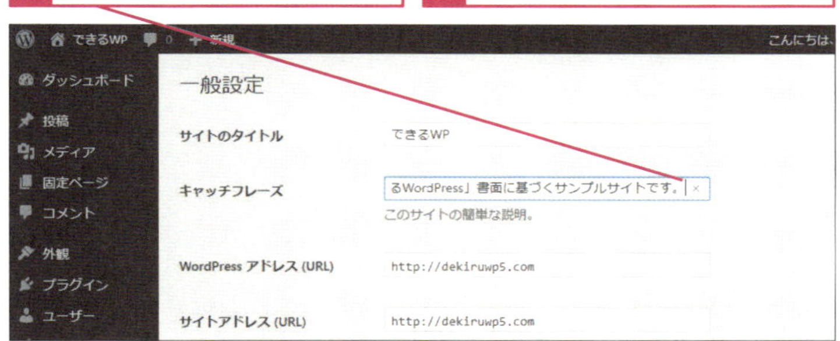

3 ［変更を保存］をクリック

設定が保存される

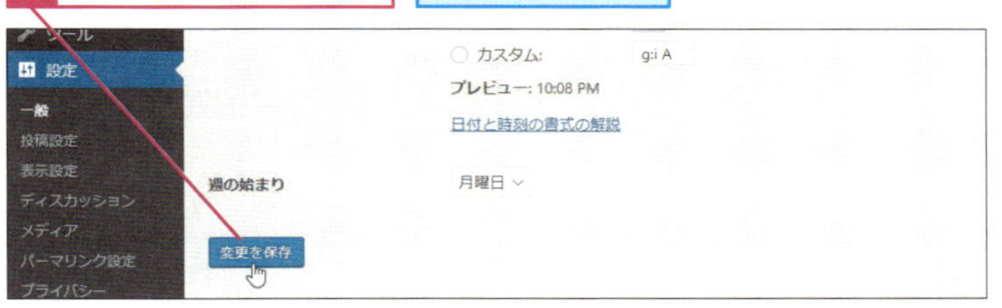

次のページに続く

3 キャッチフレーズを確認する

1 管理画面の上部にあるホームページ名をクリックして閲覧用の画面を表示

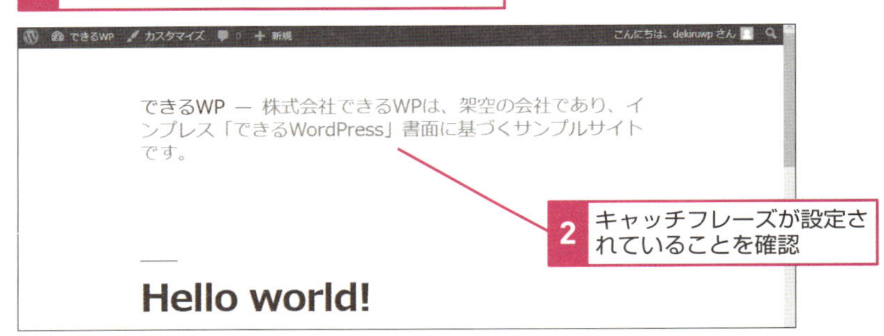

2 キャッチフレーズが設定されていることを確認

4 プロフィールの設定画面を表示する

続けてニックネームを設定する

ホームページ名をもう一度クリックして管理画面を表示しておく

1 [ユーザー] にマウスポインターを合わせる

2 [ユーザー一覧] をクリック

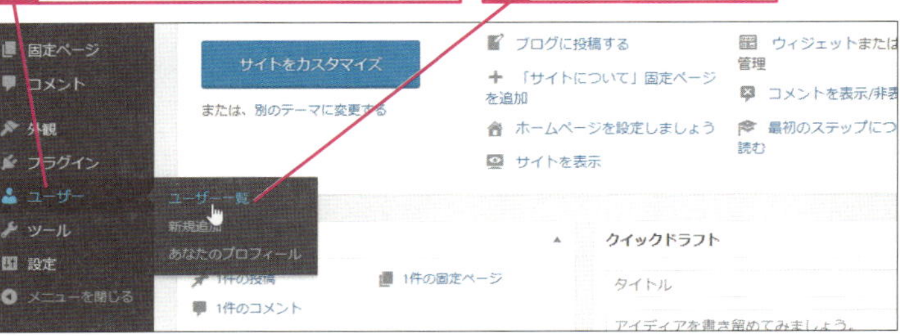

3 ユーザー名をクリック

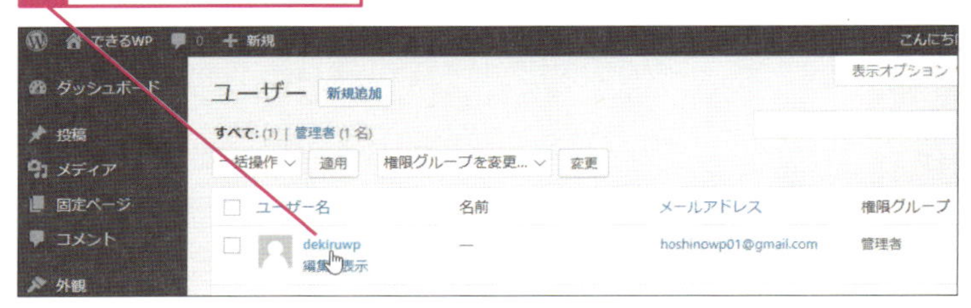

5 ニックネームとブログ上の表示名を設定する

［プロフィール］の設定画面が表示された

1 ここ下にドラッグしてスクロール

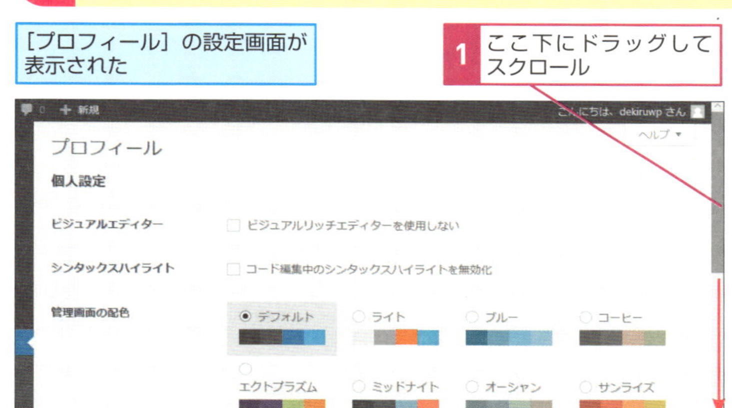

2 ［ニックネーム］にニックネームを入力

3 ［ブログ上の表示名］のここをクリックして一覧からニックネームを選択

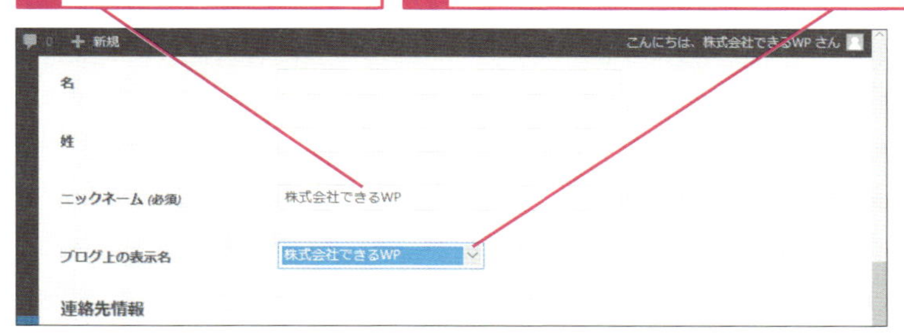

4 ［プロフィールを更新］をクリック

ニックネームが設定される

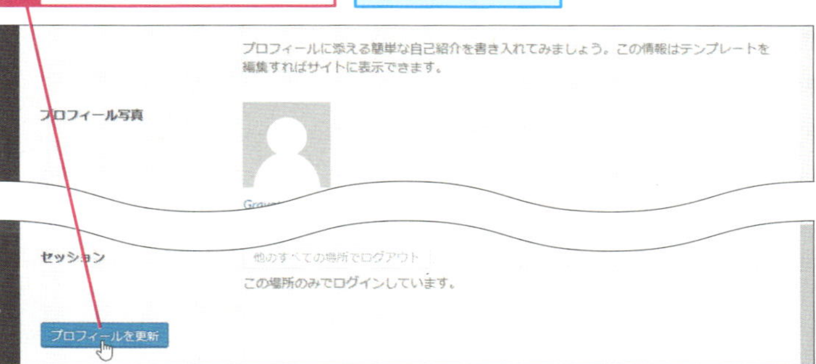

11 一般設定

レッスン 12

パーマリンクの形式を設定するには

パーマリンクの設定

シンプルな構造で分かりやすいパーマリンクを設定する

パーマリンクとは、WordPressで作成した記事のURLのことです。「日付と投稿名」「月と投稿名」「数字ベース」など定型から選ぶか、自分で設定することもできます。ここで大事なのは、投稿を始める前にパーマリンクの形式を決めて、設定を変更しておくことです。なぜなら、パーマリンクの設定を変更すると、今まで投稿した記事のURLがすべて変更されてしまうからです。誰かがそのURLでリンクを貼ってくれていた場合、そのリンクが無効になってしまいます。WordPressをインストールしたら、まず初めにパーマリンクの設定を済ませておきましょう。

Hint!

パーマリンクのお薦めの設定は?

お薦めはシンプルな[数字ベース]か[日付と投稿名]です。[日付と投稿名]の場合、いつ書かれた記事か、どんな内容の記事なのかがすぐに分かります。ただし、日本語タイトルで書かれた記事の場合、自動的に挿入される投稿名も日本語になるので、その部分は手動で英単語に変更しましょう。パーマリンクに日本語を使用すると、「%%E3%83%AF%」などとURL上では何のことか分からない文字列に変換されてしまいます。

1 パーマリンクの設定画面を表示する

レッスン9を参考にWordPressの管理画面にログインしておく

1 ［設定］にマウスポインターを合わせる

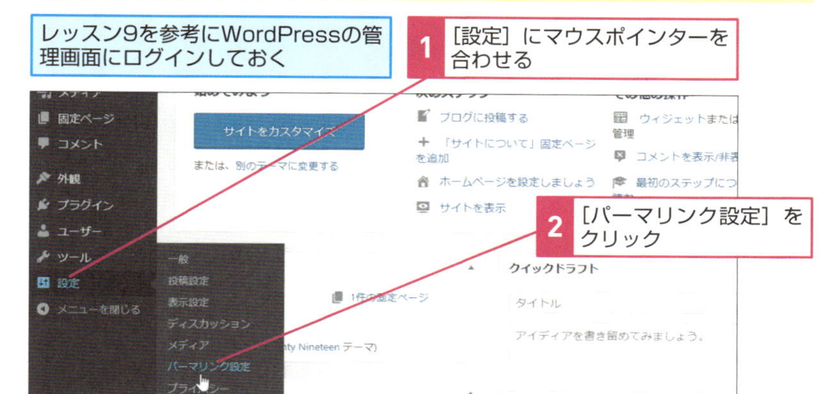

2 ［パーマリンク設定］をクリック

2 パーマリンクの設定を変更する

パーマリンクの設定画面が表示された

設定したいパーマリンクの形式を選択する

1 ［数字ベース］をクリック

2 ここを下にドラッグしてスクロール

3 ［変更を保存］をクリック

パーマリンクの設定が変更される

レッスン 13

画像の大きさを設定するには

メディア設定

サイズを決めておけば後で調整の手間が減る

ホームページには、記事の中の写真、ロゴ、背景に使うイラストなど、「画像」や「写真」が多く使われます。WordPressでは、これらの画像や写真のことをメディアと呼びます。このレッスンでは、メディアの設定について見ていきましょう。メディアの設定は、いつでも変更できますが変更前に設定されたメディアには変更が反映されません。変更以前に掲載した写真については、そのままとなるので、必要な場合は写真を差し替えることになります。そのためメディア設定は、コンテンツの入力前に決めておきたい事項の1つです。

画像の最大寸法の設定を確認しておこう

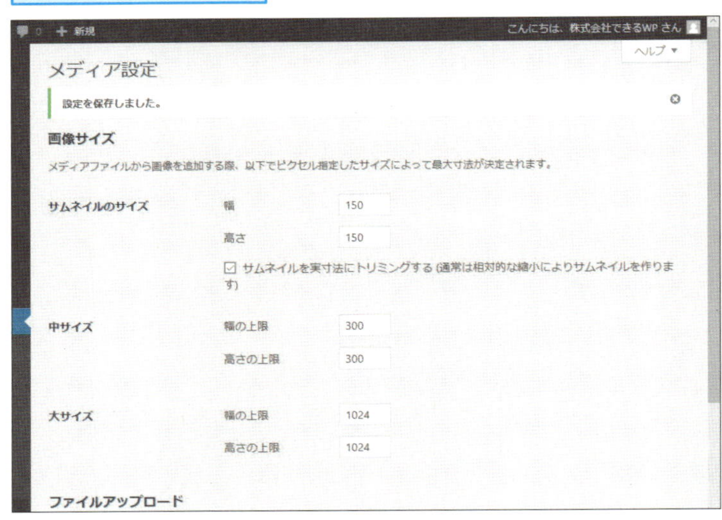

1 メディアの設定画面を表示する

レッスン9を参考にWordPressの管理画面にログインしておく

1 [設定] にマウスポインターを合わせる

2 [メディア] をクリック

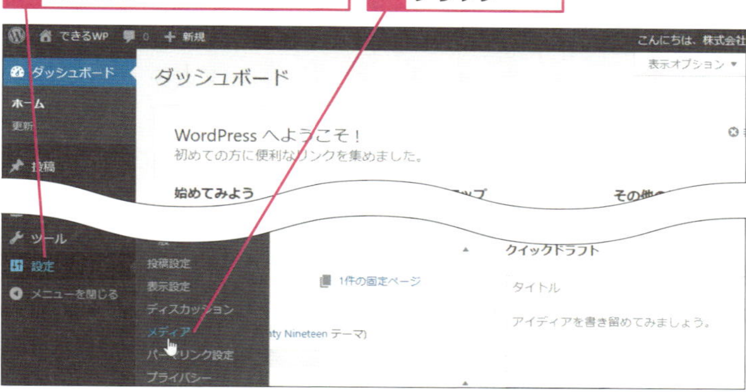

2 メディアの設定を変更する

メディアの設定画面が表示された

1 画像の最大サイズをそれぞれ入力

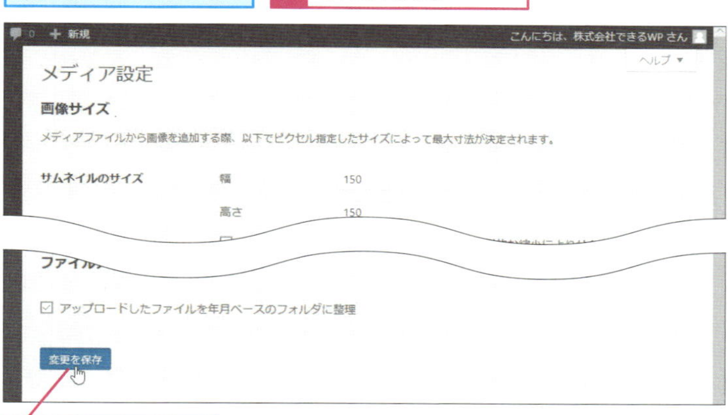

2 [変更を保存] をクリック

画像の最大サイズの設定が変更される

レッスン 14

コメント欄を設定するには

ディスカッション設定

コメントを受け付けるかを決めよう

リンクや画像と同じく、コメント欄についても最初に設定しておいた方がいいでしょう。特に何もしなければ、標準の設定でコメントを受け付けるようになっています。設定は途中でも変更できますが、変更は、変更以後のコメントのみに適応され、変更前についたコメントに関する設定は変更できません。また、記事ごとにも設定でき、記事ごとの設定が、[ディスカッション設定] の画面での設定よりも優先されます。
コメント欄をどのように設定・管理していけばいいか見てみましょう。

コメントを受け付けるかどうかを設定できる

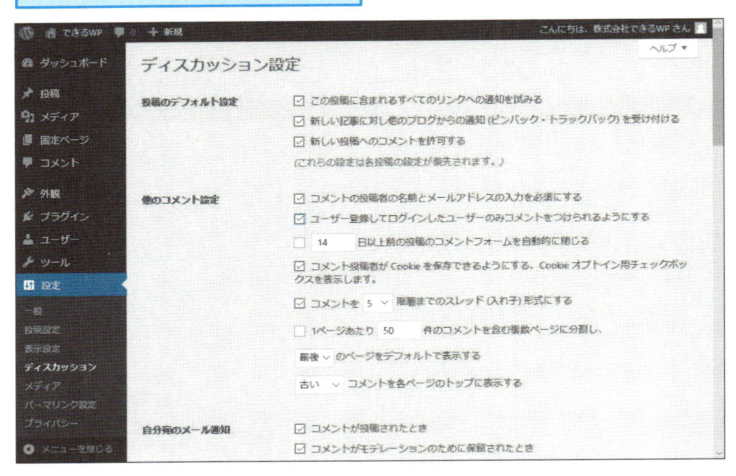

1 ディスカッションの設定画面を表示する

レッスン9を参考にWordPressの管理画面にログインしておく

1 [設定] にマウスポインターを合わせる

2 [ディスカッション] をクリック

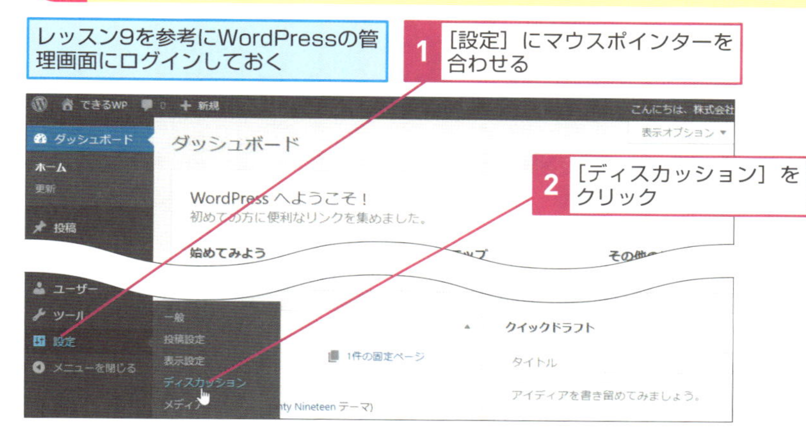

2 ディスカッションの設定を変更する

[ディスカッション設定]の画面が表示された

1 ここをクリックしてチェックマークを付ける

2 ここを下にドラッグしてスクロール

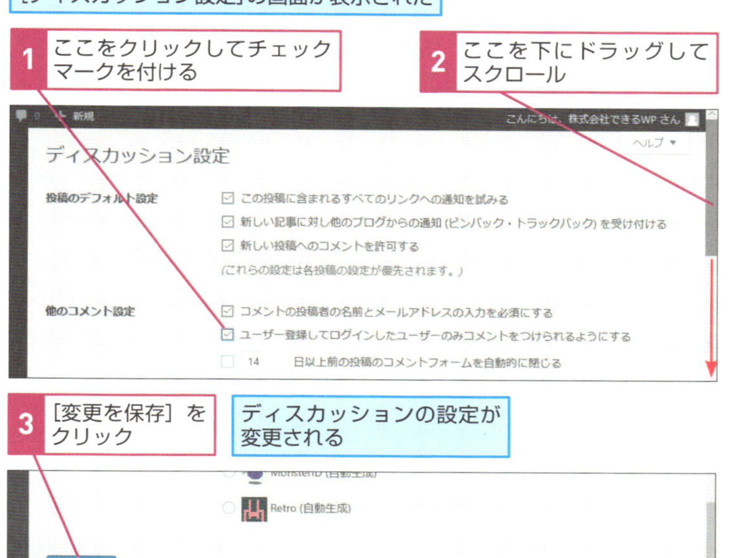

3 [変更を保存] をクリック

ディスカッションの設定が変更される

ステップアップ！

有料の独自 SSL を申し込むには

レッスン7では無料独自SSLによる常時SSL化の方法を解説しましたが、ロリポップでは、無料独自SSLのほかに、3種類の有料独自SSLがあります。有料版は、「クイック認証SSL」「企業認証SSL」「EV SSL」です。認証レベルがより高くなり、EV SSLは認証フローに実在証明が含まれるので、なりすましによる独自SSLの取得を防ぐことができます。申し込みには審査が必要で、対象ドメインの確認、電話での実在確認、書類提出など、プランにより、審査方法が複数になります。認証レベルが高くなると利用料金も上がりますが、長期割引などもあります。有料独自SSLはエコノミープランでは利用することができないので、ライトプラン以上にプラン変更をしてから申し込みをしてください。

レッスン7を参考に、ロリポップ！のユーザー専用ページにログインして、[セキュリティ] の [独自SSL証明書導入]のページを表示しておく

1 [独自SSL（PRO）を申込む]をクリック

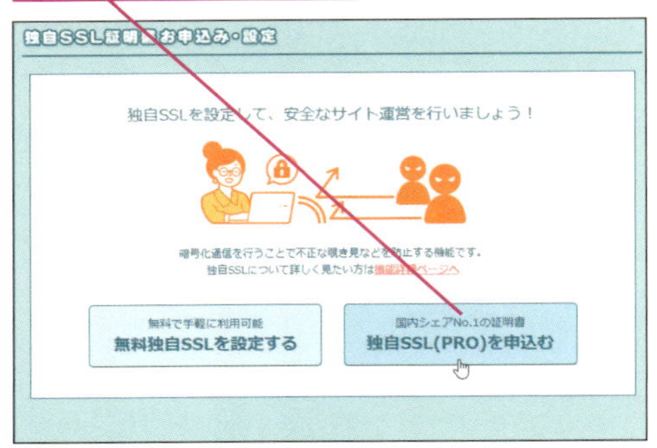

サービス内容が表示される

第2章 ホームページを作る準備をしよう

第3章

ホームページのデザインとレイアウトを設定しよう

伝えたい情報やターゲットによってホームページの見せ方を工夫する方法を学びましょう。用途や目的に合ったホームページを作るポイントは、デザイン（設計）とレイアウト（配置）です。この章では、企業や店舗のコーポレートサイトをイメージしたオリジナルテーマを題材にしてホームページのデザインとレイアウトの方法を解説します。

レッスン
15

ホームページのデザインとレイアウトを考えよう

ホームページのデザイン

伝えたい情報やターゲットを考えよう

ホームページの用途や目的によって、伝えたい情報の優先順位は変わってきます。したがって「何の情報をどのようなターゲットに一番に伝えたいのか」をまず考える必要があります。デザインとは「設計」、レイアウトとは「配置」という意味です。
「デザイン」と聞くと、何となくおしゃれで洗練されたイメージを考えがちですが、ぱっと見の印象に引っ張られず、どんな相手をターゲットとするのかをよく考えることが重要です。
ターゲットの人物像と伝えたい情報の例を挙げると、例えば「小児科医院」のホームページであれば、ターゲットは保護者となります。伝えるべき内容はまず診療時間とアクセス、次に医師の情報や院内の雰囲気、病院の特徴などが考えられます。
「もし私がユーザーだったなら……」と仮定して考えてみたり、周りの人に客観的な意見をもらうのもレイアウトやデザインを考える上で効果的かもしれません。

目的に応じて効果的な見せ方を考えよう

優先的に伝えたい情報やユーザー像が固まったら、いよいよ次はレイアウトやデザインの策定に入ります。日々情報を更新するサイトであれば、新着記事を目に留まりやすいトップページに配置するといいでしょう。また企業やお店のページであれば、ヘッダー画像を利用して視覚でコンセプトを訴えつつ、必要な情報をメインメニューにまとめるといいでしょう。いずれにせよ、大事な情報を必ず目に入る位置に配置することが大切です。

また、より効果的な見せ方をするには配色もひと工夫しましょう。迷ったときはターゲットの好みそうなテイストを考えた上でテーマカラーを1色決め、その次に補色を組み合わせてみましょう。もうひと手間かけるならば、少し技術は必要になりますが、バナー（文字や写真や絵で作られた画像）を挿入するのも効果的です。

ホームページの目的やターゲットにマッチするレイアウトやデザインを考える

レッスン 16

WordPressのテーマの基本を知ろう

テーマの基本

コンテンツを引き立てるデザインを選ぶ

テーマとは、WordPressで作成したホームページの見ためのデザインのひな形のことです。難しいコードを書かなくともテーマを適用するだけでデザイン性が高く統一感のあるホームページが作れます。テーマを切り替えるだけでホームページの印象をガラッと変えられる点は、WordPressの魅力の1つといえるでしょう。動画や画像などでページに動きの要素を加えたり、写真をポートフォリオのような形で掲載したりするなど、テーマの数だけ利用用途は無限大。あなたに合ったWordPressの使い方でぜひいろいろと試してみてください。

テーマでホームページの印象を変更できる

WordPressには、はじめからテーマが用意されている

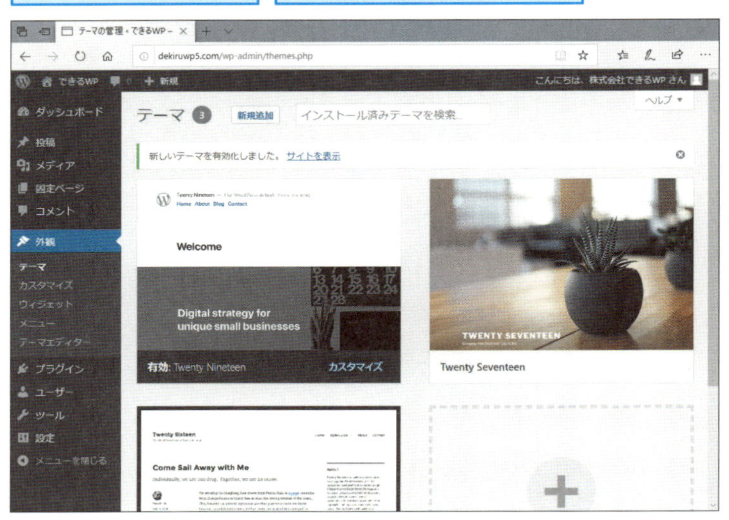

第3章 ホームページのデザインとレイアウトを設定しよう

初めから入っているテーマがある

WordPressには、初期状態で「Twenty Nineteen」というテーマが最初から用意されています。これらはWordPress公式テーマとして無料で提供されているテーマであり、リリースの年にちなんで名前が付けられています。

Hint!

レスポンシブウェブデザインとは

パソコンやタブレット、スマートフォンなどさまざまな機器で操作や外観が最適化されるデザインのことをレスポンシブウェブデザインといいます。1つのホームページで複数のデバイスに対応できるので、運用がしやすいというメリットがあります。近年、スマートフォンからのホームページの閲覧が増え続けているので、レスポンシブウェブデザインに対応したテーマを利用するのがお薦めです。

Hint!

色相環と補色について知っておこう

「色相」とは、赤・青・黄といった具体的な色合いを示し、それらの関係を環状に並べたものを「色相環」と呼びます。また、色相環で対になる位置に存在する色を「補色」と呼びます。補色をうまく利用することがホームページの仕上がりを大きく左右します。

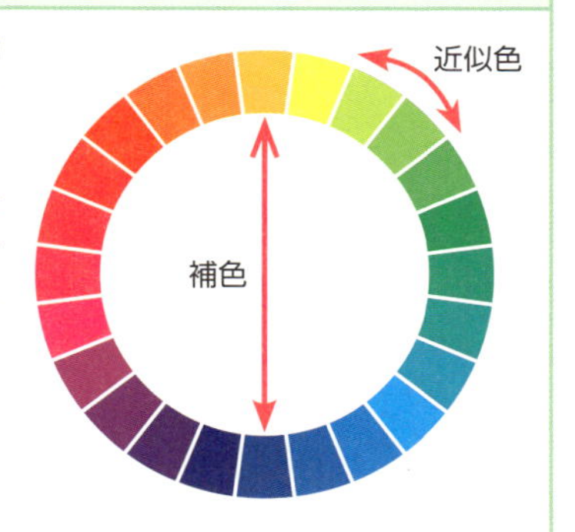

次のページに続く

数多くのテーマを利用できる

初期状態で入っているテーマ以外にも、WordPressの公式サイトでは数千ものテーマが無料配布されています。公開されているテーマは、［テーマを追加］の画面から確認できます。また公式テーマ以外にも、個人や企業がウェブ上で有料・無料で配布しているテーマをインストールして使うこともできます。

ただし、公式テーマは一定のガイドラインをクリアし世界中のレビュワーが検証を行っている一方、非公式のテーマは動作検証が行われていない場合があります。まずは公式テーマを使うことをお薦めします。

●公式サイトからインストール

▼WordPressの公式サイト
https://ja.wordpress.org/themes/

ZIP形式のテーマファイルをパソコンに保存できる

●管理画面からインストール

[テーマを追加] の画面でテーマの検索や追加ができる

テーマの並び順を変えられる

テーマをキーワードで検索できる

テーマファイルによって設定項目が変わる

テーマを変更するとページの見ためが変化しますが、それに伴い管理画面から設定できる項目も変わります。具体的には、サイドバーやフッター部分のウィジェットエリア、ヘッダー・フッター部分、メニューバーなどです。テーマによっては、住所や電話番号などの基本情報やキャッチコピーを入力する領域が用意されている場合もあります。またアドオン（専用の拡張機能）を配布し、より柔軟なカスタマイズを可能にしているテーマもあるので、設定項目をよく確認してみるといいでしょう。

Hint!

誰が開発したテーマかきちんとチェックしよう

非公式テーマをどうしても利用したい場合は、開発元をよく調べ、不審点がないかを確認した上で使用することをお薦めします。また、同じテーマを使っている人がいれば口コミなどを参考にしたり、アップデートの内容や時期を確認するのもいいでしょう。

レッスン 17

本書で利用するテーマの特徴を知ろう

本書で利用するテーマ

更新頻度が高いページにぴったり

下の例は、本書で利用できる「Dekiruテーマ」というテーマを適用したホームページです。以降のレッスンでは、「株式会社できるWP」という、ローカルニュースを日々発信する架空の会社のコーポレートサイトという設定でWordPressの機能を紹介します。ローカルニュースを発信する会社の例ですが記事の更新が多いため、新着記事がトップページで目立つようにします。

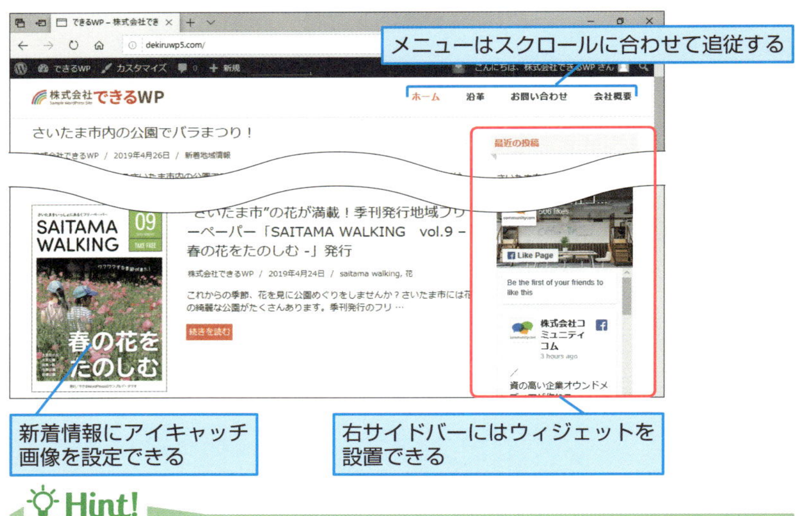

Hint! カラムとは

「カラム」とは、ホームページの縦の列のことを示します。「1カラムデザイン」というとサイドバーなどがないホームページです。「2カラムデザイン」の場合は、Dekiruテーマのように右サイドバーがあるホームページとなります。

パソコンとスマートフォンの両方に対応

パソコン、タブレット、スマートフォンなど、複数の異なる画面サイズに応じてレイアウトを自動調整するレスポンシブウェブデザインを導入しています。端末ごとの見栄えは［外観］-［カスタマイズ］-［スライドショー］の左下にある端末アイコンを切り替えることで確認できます。メニューの変更や記事の投稿、画像の差し替えなど、ホームページの運用に関する基本的なことはすべて管理画面から行えます。また［管理画面］-［ユーザー］-［新規追加］よりユーザーを追加することで、複数人での運用も可能です。

Dekiruテーマはパソコンでもスマートフォンでも最適な大きさで表示される

カスタマイザーでホームページのデザインをカスタマイズできる

レッスン
18
テーマをインストールするには
テーマのインストール

WordPressにテーマをインストールしよう

テーマの概要を理解したところで、この章では本書オリジナルのDekiruテーマをWordPressにインストールする手順を解説します。まず、テーマのインストールには以下の3つがあることを覚えておきましょう。

① 管理画面のテーマ検索ボックスに検索キーワードを入力してインストールする方法（公式テーマのみ）
② ZIP形式のテーマファイルをアップロードしてインストールする方法
③ FTPソフトを使ってインストールする方法

本書で使用するDekiruテーマは公式テーマに登録されているテーマなので、次のページから①の方法で解説していきます。②については右のHINT!「ZIP形式のテーマファイルをインストールするには」を参照してください。また③については、応用的な内容となるので本書では取り上げません。

テーマをダウンロードしてインストールしていく

Hint!

ZIP形式のテーマファイルをインストールするには

公式以外のテーマの場合はテーマが「ZIP」ファイルで配布されることがあります。管理画面でメニューの［外観］-［テーマ］-［新規追加］の順にクリックし、検索ボックスの左側にある「テーマのアップロード」をクリックします。するとファイルアップロード画面が表示されますので、「ファイルの選択」から該当のZIP形式ファイルを選択し、「今すぐインストール」をクリックします。インストールが完了すると［外観］-［テーマ］より確認できるようになります。

1 テーマの設定画面を表示する

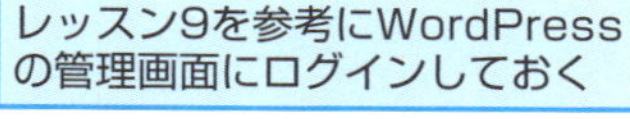

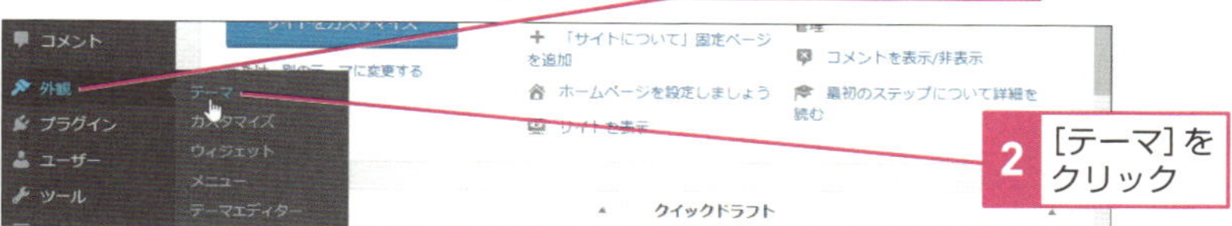

2 テーマを追加する画面を表示する

テーマの設定画面が表示された

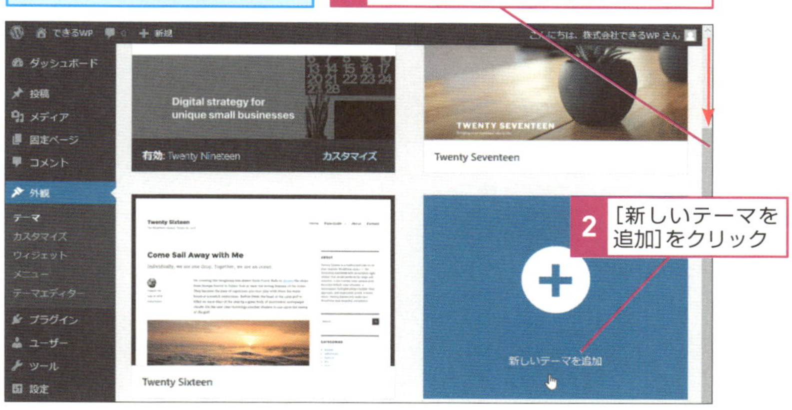

次のページに続く

3 テーマを検索する

ここでは「Dekiru」というテーマを検索する

1 「dekiru」と入力

検索結果が表示された

2 テーマにマウスポインターを合わせる

4 プレビューを表示する

1 ［プレビュー］をクリック

5 テーマを有効化する

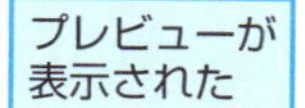

プレビューが表示された

テーマをインストールする

1 ［インストール］をクリック

2 ［有効化］をクリック

6 テーマの適用状態が確認できた

テーマの適用状態が表示された

Dekiruテーマが有効化されていることが確認できた

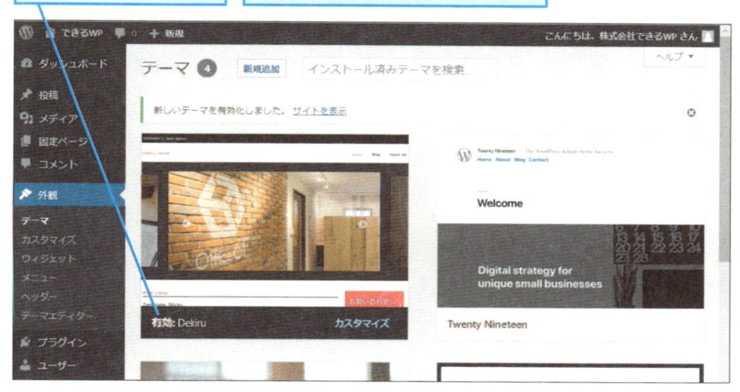

レッスン
19 サイトデザインをカスタマイズするには
カスタマイザー

難しいコードを書かなくても簡易的なカスタマイズができる

WordPressにはリアルタイムで「見ため」の変更を確認できるカスタマイザーという機能が用意されています。カスタマイザーを使ってカスタマイズできる内容はテーマによって異なるので、使用する前にカスタマイズできる項目を確認してみるといいでしょう。また、カスタマイザーに項目がない場合、プラグインやアドオンを活用することで自分好みのデザインに変更できる場合もあります。

カスタマイザーでテーマをカスタマイズする

Before

After

1 カスタマイザーの画面を表示する

カスタマイザーを利用し、会社名の文字をロゴ画像に置き換える

レッスン9を参考にWordPressの管理画面にログインしておく

1 [外観]にマウスポインターを合わせる

2 [カスタマイズ]をクリック

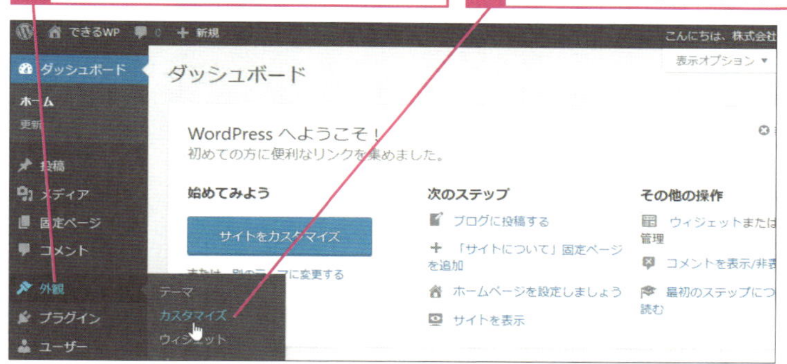

2 サイトロゴ画像の選択画面を表示する

サイトロゴ画像の選択画面を表示する

1 [サイト基本情報]をクリック

2 [ロゴを選択]をクリック

次のページに続く

3 サイトロゴ画像をアップロードする

[画像を選択]の画面が表示された

サイトロゴ画像をアップロードしていく

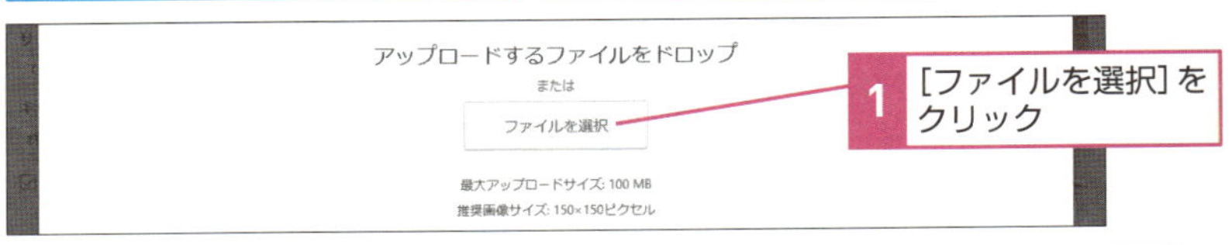

1 [ファイルを選択]をクリック

[開く]ダイアログボックスが表示された

2 サイトロゴ画像が保存されている場所を表示

3 サイトロゴ画像をクリックして選択

4 [開く]をクリック

4 アップロードされた画像を選択する

1 [選択]をクリック

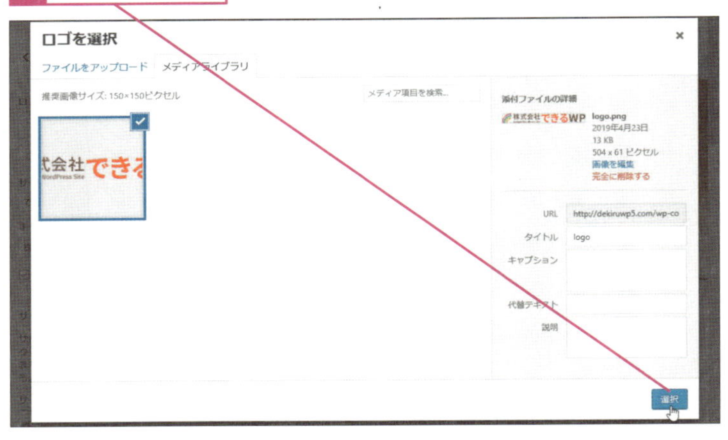

第3章 ホームページのデザインとレイアウトを設定しよう

5 画像を切り抜く

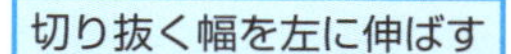
切り抜く幅を左に伸ばす

1 ここにマウスポインターを合わせる

2 ここまでドラッグ

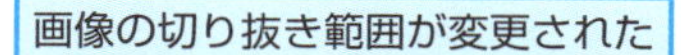
画像の切り抜き範囲が変更された

同様の手順で右側も伸ばしておく

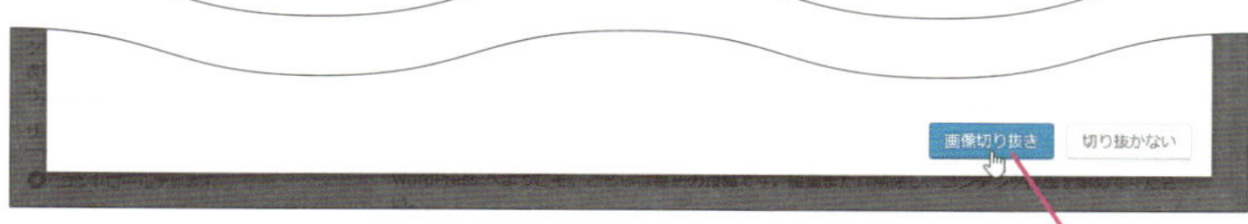

3 [画像切り抜き]をクリック

6 変更を保存する

サイトロゴ画像を選択できた

サイトロゴ画像が配置された状態のホームページがプレビュー表示された

1 [公開]をクリック

ホームページが公開されたのでカスタマイザーを終了する

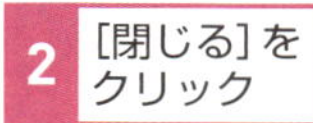
2 [閉じる]を
クリック

ステップアップ！

テーマをアンインストールするには

テーマをアンインストールするには、［外観］-［テーマ］よりアンインストールしたいテーマをクリックします。テーマの詳細画面が表示されたら、右下に記されている赤文字の［削除］ボタンをクリックします。確認画面が表示されるので、［OK］ボタンをクリックするとアンインストール完了です。

違うテーマを有効化する

1 ［有効化］をクリック

アンインストールするテーマを選択する

2 テーマをクリック

3 ［削除］をクリック

第4章

ホームページにコンテンツを投稿しよう

この章からは実際にホームページの記事を作成していきます。ホームページに掲載する情報をリストアップすることと、リストアップした情報をグループ分けする方法を学んでいきましょう。また、新着記事の投稿と更新頻度が低いページの作成方法を紹介します。

レッスン 20

ホームページに掲載するコンテンツを考えよう

ホームページのコンテンツ

ホームページに掲載するコンテンツを考えよう

第3章ではホームページのデザインを設定しました。ここからは、ホームページに掲載する文章や画像などのコンテンツを考えていきます。ホームページに掲載すべき情報にはどのようなものがあるでしょうか？

　例えば会社のホームページであれば、どんな会社なのかという会社概要、また会社の所在地やアクセス方法が分かるような地図が必要です。さまざまな商品を作ったり、サービスを提供していたりする会社なら、商品やサービスに関するお知らせや、紹介のためのブログ記事なども必要かもしれません。このようにホームページに掲載したい情報はたくさん出てくると思います。まずは、ホームページに必要な情報をリストアップしてみましょう。

まずは自分のホームページに
必要な情報を洗い出す

サイトツリーでコンテンツを整理しよう

ホームページに掲載するコンテンツをリストアップしたら、次はそれを整理していきます。ここではサイトツリーを使った整理方法を紹介します。ホームページ全体を大きな木と考え、それぞれのページを葉と考えていきます。下の図のように、同じような系統の情報は同じ枝にまとめます。例えば、会社の所在地を示す地図や最寄り駅から徒歩何分というアクセス方法は同じ系統と考えることができるので、「アクセス」という同じ枝にまとめるのがいいでしょう。訪問する人が見たいページにすぐに行けるようにするためには、サイトツリーの考え方でホームページを分かりやすい構成にすることを心がける必要があるのです。

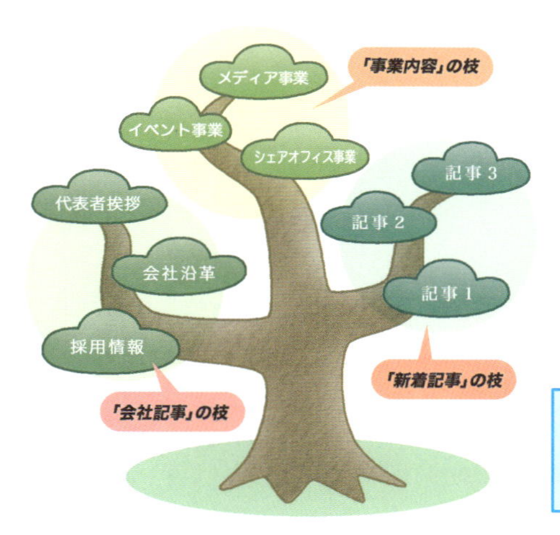

ホームページ全体を「木」、各ページを「葉」と考えて整理する方法を「サイトツリー」と呼ぶ

Hint!

コンテンツの重要性は高まるばかり

Webマーケティングの世界では、「Content is King（コンテンツは王様）」という言葉もあるほど、コンテンツはホームページを作る上で最も大切な要素です。そのホームページを訪問する人はどんな情報を求めているのか、よく考えてコンテンツをリストアップし、充実したホームページを作っていきましょう。

レッスン 21

投稿の画面を確認しよう

ブロックエディターの各部名称

「ブロックエディター」の入力画面を見てみよう

2018年12月にリリースされたWordPress Ver.5.0から「ブロックエディター」と呼ばれる新しいエディターが導入されました。「ブロックエディター」は、ブロックと呼ばれるパーツを組み合わせていくことで、誰でも豊かなウェブ表現ができるように目指して作られた新しいエディターです。このブロックエディターの開発プロジェクト名が「Gutenberg（グーテンベルク）」と呼ばれていたことから、「Gutenbergエディター」と呼ばれることもありますが、本書では「ブロックエディター」で統一します。
まずは画面の構成や名称を一つずつ確認していきましょう。

❶ツールバー

ブロックの追加や、編集内容の取り消し/やり直しなどを実行できます。

❷入力・編集エリア

タイトルや本文、画像などを配置できます。

❸［プレビュー］ボタン、［公開する／更新］ボタン

プレビューを確認したり、投稿内容を公開したりできます。

❹［設定］ボタン

パネルの表示/非表示を切り替えられます。

❺［ツールと設定］ボタン

ツールや表示モードを変更したり、エディターを切り替えたりできます。

❻パネルエリア

［文書］パネルと［ブロック］パネルが表示されます。そのとき選択している場所によって、表示される内容が変わります。

● ［文書］パネル

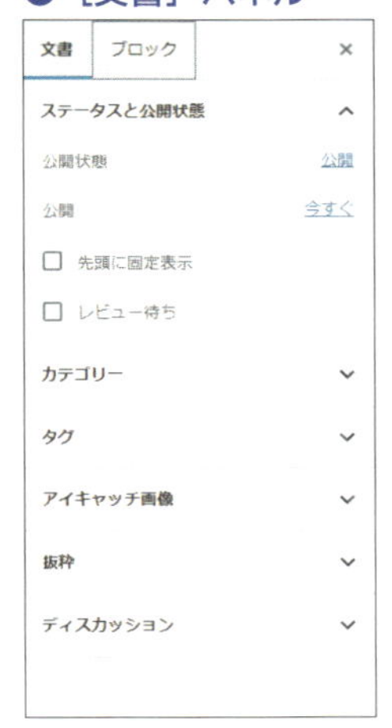

● ［ブロック］パネル

文書　ブロック
段落
ブロックを使って、いろいろな物語を組み立ててください。
テキスト設定
文字サイズ
標準
ドロップキャップ
先頭文字を大きな表示に切り替えます。
色設定
高度な設定

Hint!

新しい編集画面を使おう

ブロックエディターはWordPress Ver.4.x系までのビジュアルエディタと比べて、より見た目が華やかで使いやすいページが簡単に作成できるようになっています。最初は戸惑うかもしれませんが、慣れれば使いやすく便利なので、1つずつマスターしていきましょう。

次のページに続く

レッスン 22

タイトルと段落を入力するには

新規追加

ブロックエディターに入力してみよう

画面の名称と位置の確認が終わったら、「投稿」の機能を利用して記事を作成していきましょう。WordPressでは管理画面に文字を入力するだけで簡単にウェブページを作成することができます。また、書きかけのものを「下書き保存」したり、公開前にどのような形で公開されるか確認ができる「プレビュー」機能があったり、様々な便利機能が用意されています。このレッスンから、「フリーペーパーの発行のお知らせ記事」を作成しながら、1つずつ機能を確かめてみましょう。

タイトルと本文を入力する

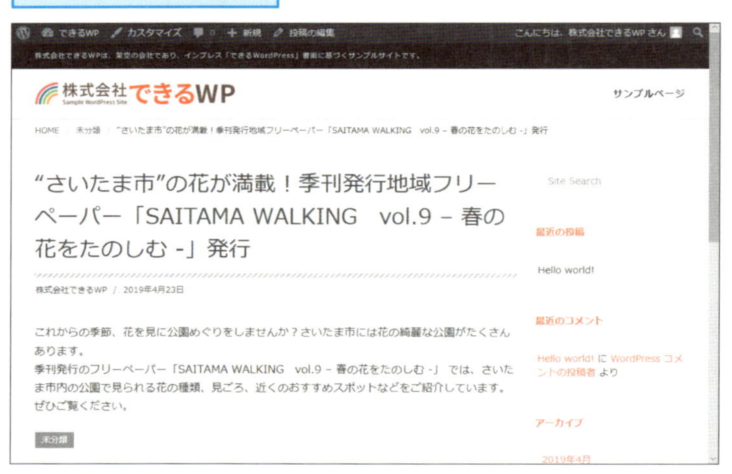

Hint!

あらかじめタイトル入力欄と本文のブロックが用意されている

「新規投稿」画面を表示すると、あらかじめタイトル入力欄と本文を入力するブロックが1つ用意されています。これは記事を作る上で最低限必要になる組み合わせです。例えば後ほどのレッスンで出てくる写真だけを表示したい場合は、最初に用意されていた本文用のブロックを削除しても構いません。

1 投稿の画面を表示する

レッスン9を参考にWordPressの管理画面にログインしておく

1 ［投稿］にマウスポインターを合わせる

2 ［新規追加］をクリック

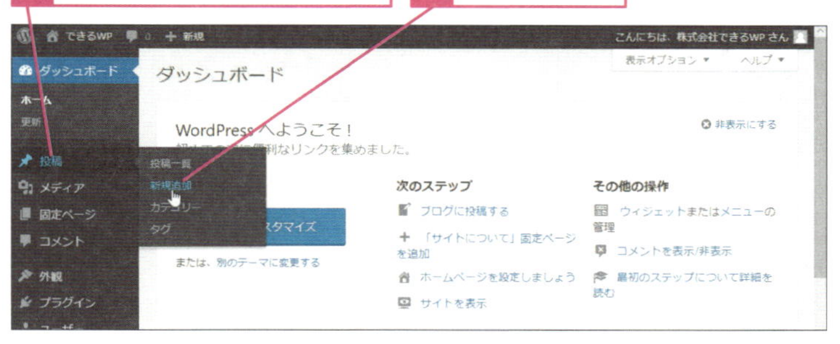

2 タイトルを追加する

投稿の画面が表示された

1 タイトルを入力

次のページに続く

3 本文の入力を開始する

タイトルが入力された

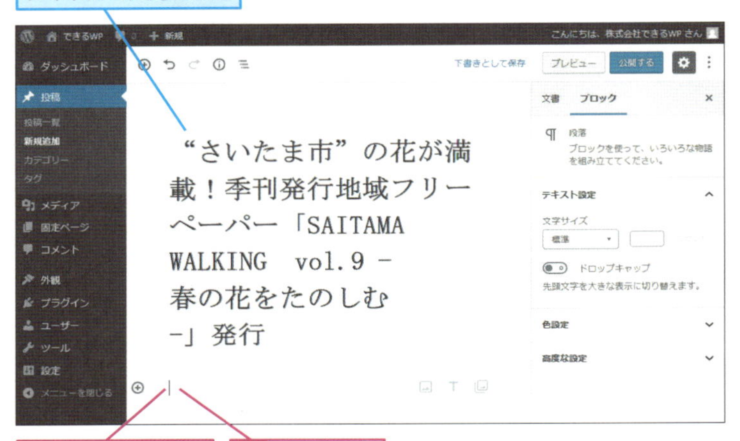

1 ここをクリック

2 本文を入力

Hint! パネルには2つのモードがある

パネルエリアは、大きく分けて［文書］モードと［ブロック］モードがあります。［文書］モードでは、記事全体に関する設定内容が表示されます。ステータスと公開状態やカテゴリ・タグ、アイキャッチ画像などの設定などができます。

［ブロック］モードでは、そのときに編集エリアで選択しているブロックの設定内容が表示されます。表示される内容は選択されているブロックによって異なります。例えば段落ブロックの場合はテキストの大きさの設定や色指定などができます。

4 本文内で改行する

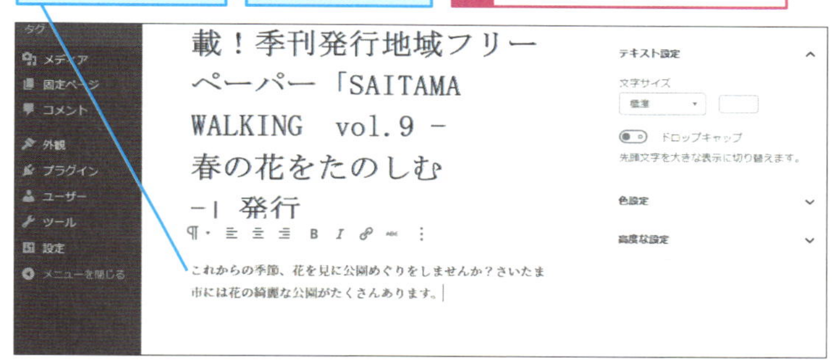

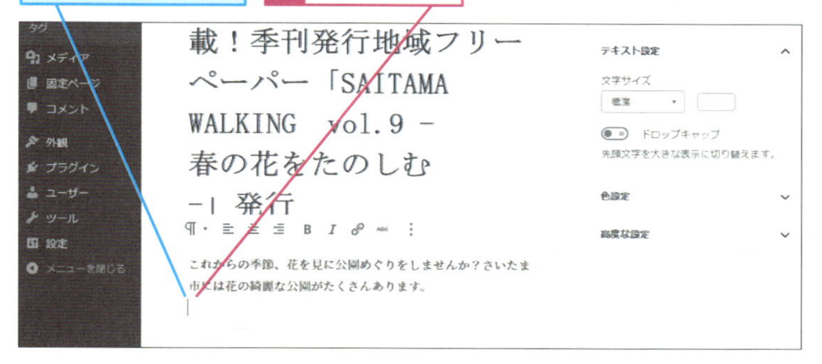

Hint! 改行と改段落の違いを知っておこう

行を変える方法には、Shift＋Enterキーで挿入する改行（段落内改行）と、Enterキーで挿入する改段落があります。見た目には似たように見えますが、Shift＋Enterキーは
タグ、Enterキーは<p></p>タグが挿入されます。段落は文章のひとまとまりを表すものなので、文章の途中で改行したいときはShift＋Enterキーを、文章ごとの切れ目で改行したいときはEnterキーで新しい段落ブロックに入力していきましょう。

次のページに続く

5 プレビューを表示する

同様の手順で本文を入力しておく

一行空けるときは、Shift キーを押しながらEnter キーを2回押す

1 ［プレビュー］をクリック

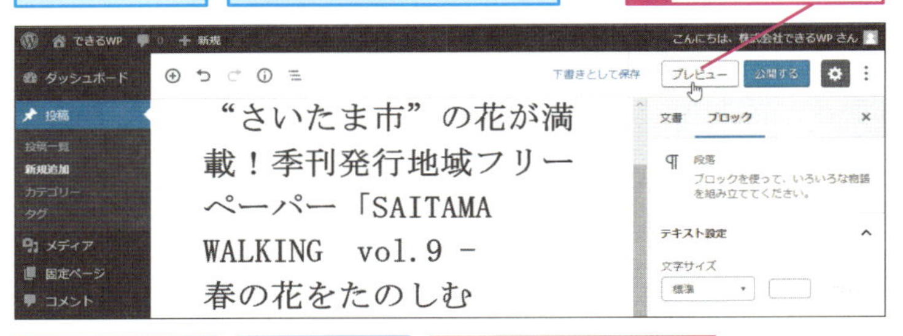

プレビューが表示された

内容を確認しておく

2 ［タブを閉じる］をクリック

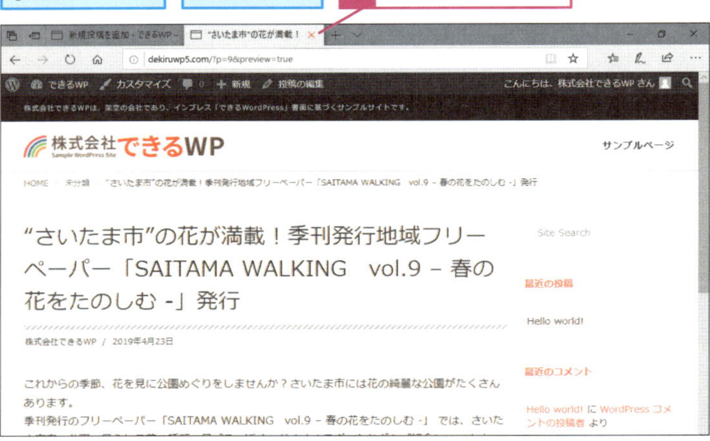

Hint! プレビューを表示すると自動的に保存される

［プレビュー］ボタンをクリックしてプレビューを表示すると、自動的に下書きに保存されます。下書き保存された記事は、投稿一覧の画面から［編集］をクリックすると、編集を再開することができます。また、自動で保存される前は［下書きとして保存］という文字列をクリックすることで手動保存が可能です。

6 下書きが保存された

［保存しました］と表示され、下書きが保存された

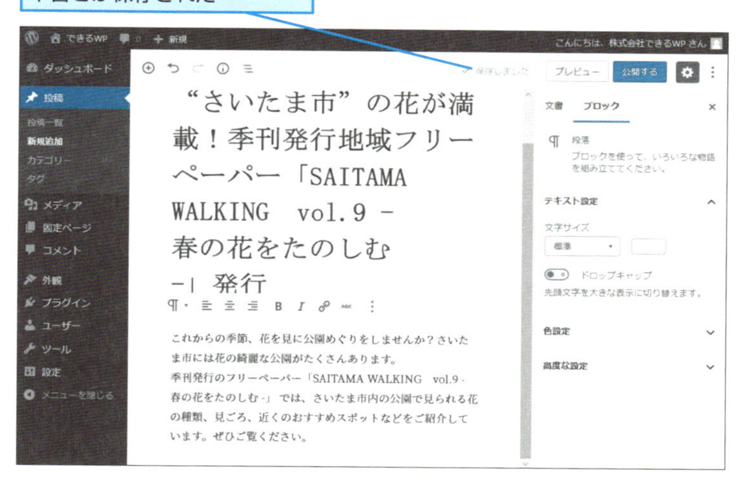

投稿を削除するには

公開した投稿や下書き中の投稿の削除は、投稿一覧が表示された画面で行います。削除したい投稿にマウスポインターを合わせ、［ゴミ箱へ移動］をクリックします。投稿をゴミ箱へ移動すると、ホームページ上には何も表示されなくなります。

レッスン21のHINT!を参考に、投稿の一覧を表示しておく

1 ここにマウスポインターを合わせる

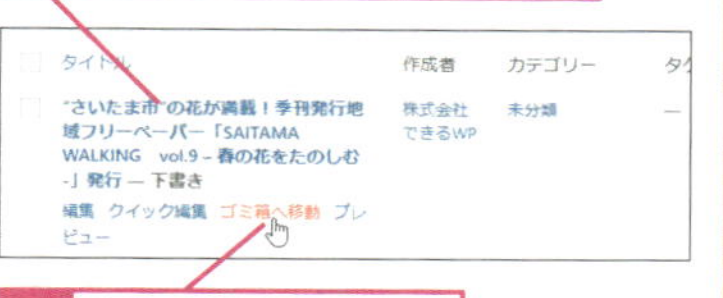

2 ［ゴミ箱へ移動］をクリック

記事がゴミ箱に移動する

レッスン 23

ブロックについて知ろう

ブロックの追加

ブロックにはさまざまな種類がある

ブロックエディターには初期設定で60種類以上のブロックが用意されています。レッスン22で利用した「段落ブロック」をはじめ、画像を表示するブロック、色々な文章表現ができるブロック、動画や音声ファイルなど外部のサービスをホームページに埋め込んで表示するブロックなどがあります。

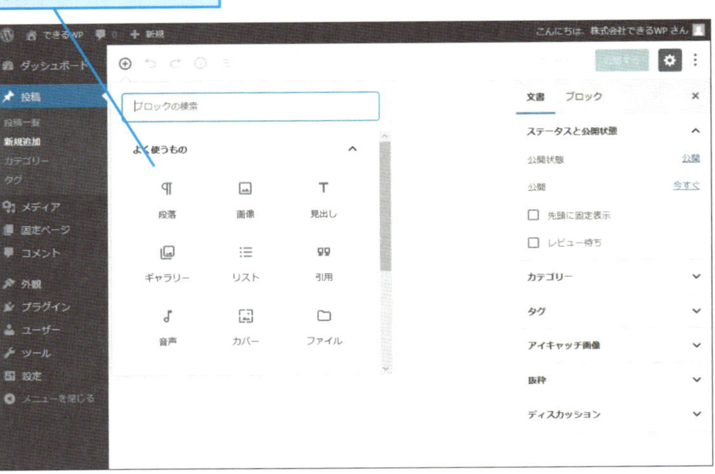

代表的なブロックとその機能

記事の文書構成として、見出しを設定したり画像を挿入することはよくあるでしょう。ここでは利用されることが多い代表的なブロックとその機能を紹介します。

● ［画像］ブロック

画像を挿入します。キャプション、Altテキスト（代替テキスト）や画像サイズなどの設定が行えます。

💡Hint!

使用状況によってブロックの配置が変わる

利用できるブロックは種類ごとに整理されています。［よく使うもの］として表示されるブロックには頻繁に利用しているブロックが表示されます。ここに表示されるブロックは利用状況に応じて常に変化します。

次のページに続く

● [ギャラリー] ブロック

複数の画像を並べた画像ギャラリーを挿入します。カラム数、リンク先などの設定が行えます。

Hint!

全てのブロックを把握する必要はない

60種類以上もあるなかで、ホームページの内容によっては利用しないブロックもあるでしょう。ですので、全てのブロックについて理解する必要はありません。よく利用するブロックから覚えておくと良いでしょう。

● [引用] ブロック

引用文スタイルを挿入します。引用元も記述できます。太字やイタリック、リンクなどを設定していきます。

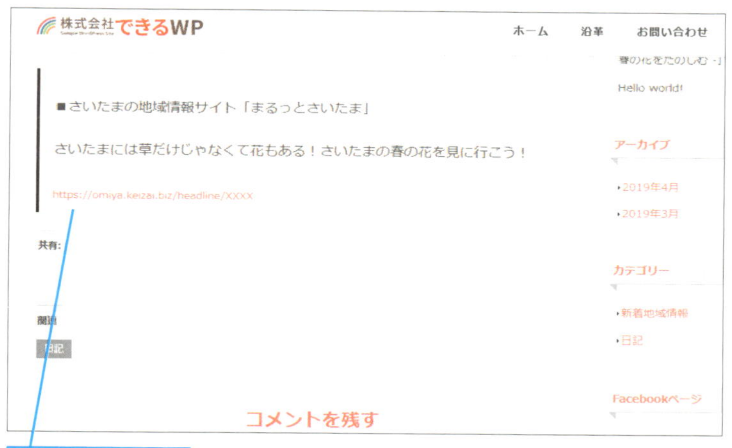

◆[引用]ブロック

● [見出し] ブロック

見出し1 ～ 6を挿入します。太字やイタリック、リンク、行揃えなどの設定が行えます。

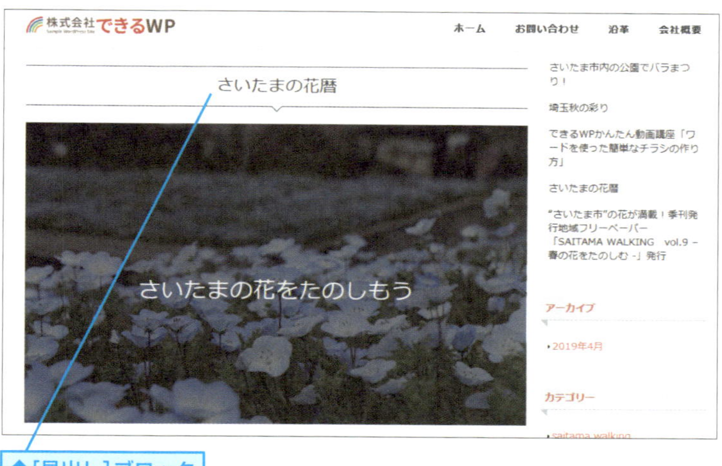

◆[見出し]ブロック

レッスン 24

投稿に画像を追加するには

画像

画像で記事の魅力をアップさせる

管理画面では、文章だけでなく画像も投稿に挿入できます。一般的なホームページには多くの画像が使用されています。例えば会社のホームページであれば、会社のロゴや会社のオフィスの写真、売り出している商品の写真などが掲載されていることでしょう。ホームページに写真やイラストが入っていると文章だけの記事と比べ、内容が大幅に伝わりやすくなります。このレッスンでは、画像の挿入手順を紹介します。

投稿に画像を追加する

“さいたま市”の花が満載！季刊発行地域フリーペーパー「SAITAMA WALKING　vol.9 – 春の花をたのしむ -」発行

株式会社できるWP / 2019年4月24日

これからの季節、花を見に公園めぐりをしませんか？さいたま市には花の綺麗な公園がたくさんあります。
季刊発行のフリーペーパー「SAITAMA WALKING　vol.9 – 春の花をたのしむ -」では、さいたま市内の公園で見られる花の種類、見ごろ、近くのおすすめスポットなどをご紹介しています。ぜひご覧ください。

さいたまをいっしょにあるくフリーペーパー
SAITAMA WALKING
Vol. 09
2019 SPRING
TAKE FREE
ワクワクする季節が来た！

Site Search
最近の投稿
Hello world!
最近のコメント
Hello world! に WordPress コメントの投稿者 より
アーカイブ
2019年4月
カテゴリー
未分類
メタ情報
サイト管理
ログアウト
投稿の RSS
コメントの RSS
WordPress.org

1 [画像] のブロックを追加する

レッスン22を参考に、タイトルと本文を入力しておく

1 [ブロックの追加] をクリック

2 [画像] をクリック

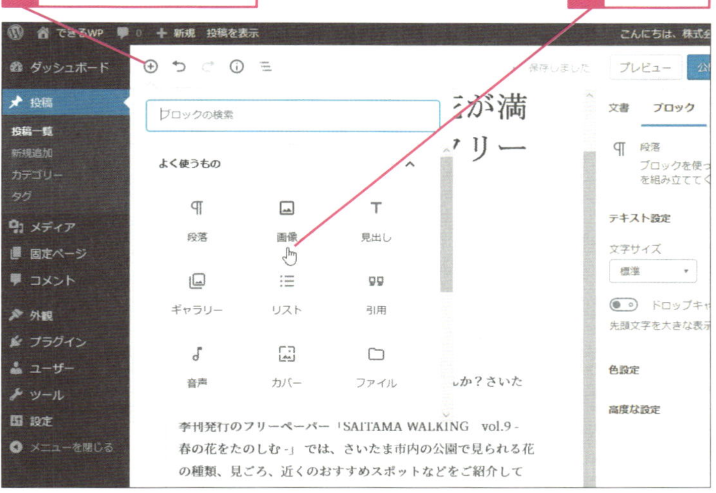

Hint! メディアサイズの設定を先に済ませておこう

画像をアップロードする前に、第2章のレッスン15で解説したメディアサイズの設定を済ませておくといいでしょう。そうすることにより、適切なサイズの画像を投稿に挿入できます。

[メディア設定] の画面で、メディアサイズの設定をしておく

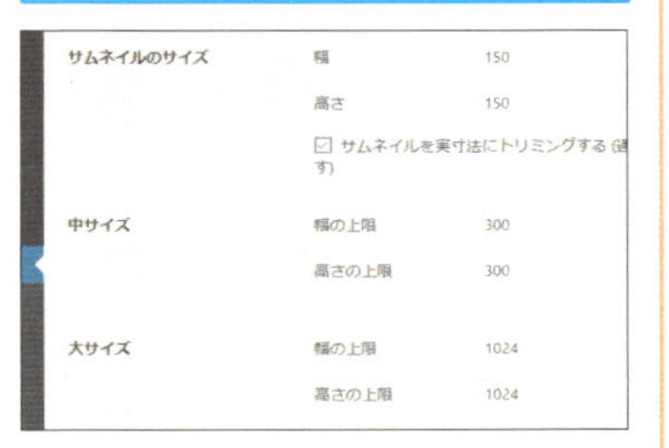

次のページに続く

2 画像をアップロードする画面を表示する

[画像]のブロックが追加された

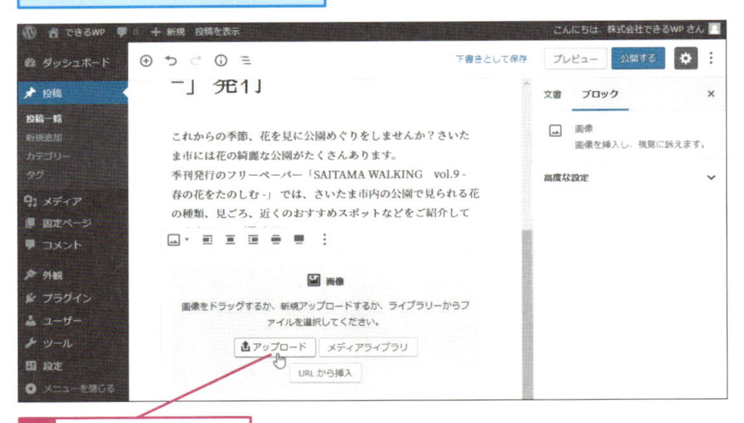

1 [アップロード] をクリック

3 アップロードする画像を選択する

[開く] ダイアログボックスが表示された

1 画像の保存されたフォルダーを表示

2 画像をクリックして選択

3 [開く] をクリック

第4章 ホームページにコンテンツを投稿しよう

4 リンク先の設定を変更する

画像がアップロードされた

1 ここをクリックして[大サイズ]を選択

2 ここをクリックして［メディアファイル］を選択

5 下書きとして保存する

ここではまだ公開せず、下書きとして保存する

1 ［下書きとして保存］をクリック

[保存しました]と表示された

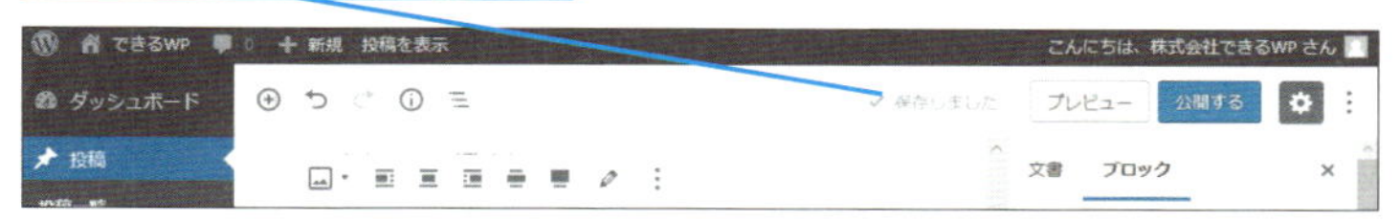

次のレッスン25で公開するので画面はこのままにしておく

レッスン 25

投稿を公開するには

公開する

投稿を公開しよう

レッスン22 ～ 24までで作ってきた投稿記事を公開していきましょう。一口に「公開する」と言っても、「パスワードを知っている会員さん限定」のように公開範囲を指定したり、キャンペーンや売り出しの折り込み広告配布に合わせて日付を指定したり、オプションを設定したりすることも可能です。

投稿した記事を公開する

1 投稿の公開を開始する

レッスン24で画像を挿入した投稿が下書きとして保存されている

画面を閉じてしまったときは、レッスン26を参考に、公開する投稿を表示しておく

1 ［公開する］をクリック

2 ［公開］をクリック

次のページに続く

2 投稿が公開された

Hint!

公開する範囲を設定するには

手順1で［公開する］ボタンをクリックする前に、［文書］パネル内にある［ステータスと公開状態］の［公開状態］で［公開］［非公開］［パスワード保護］から選択できます。

1 ［公開状態］をクリック

公開状態を選択できる

Hint!
日付を指定して公開するには

［文書］パネル内にある［ステータスと公開状態］の［公開］をクリックすると日付と日時の選択が可能になります。過去の日付を入力するとその日に遡った日付に、未来の日付を入力すると指定したタイミングで記事が公開されます。

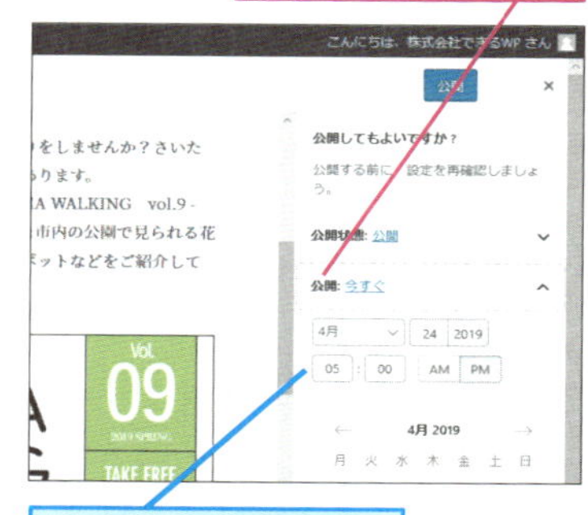

Hint!
公開した記事を下書きに戻すには

公開後に［プレビュー］ボタンの左側に表示される［下書きへ切り替え］をクリックすると下書き状態になり、ホームページには表示されないようになります。

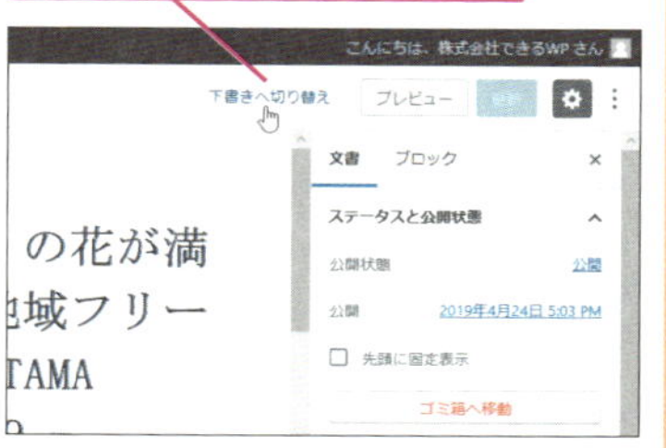

レッスン
26 投稿内容を修正するには

投稿の修正

一度保存した投稿を編集しよう

今までのレッスンでは、投稿に文章や画像を挿入する方法のほか、投稿をカテゴリーごとに分類する方法を紹介しました。また、レッスン24や25では投稿の下書き保存の仕方や公開の仕方を紹介しました。ただし、公開した投稿に間違っている情報があったときや新しく付け足したい情報が出てきた場合、投稿を編集しなければなりません。WordPressでは、管理画面の投稿一覧から編集したい投稿を選ぶことで簡単に編集できます。このレッスンでは、一度保存した投稿や公開した投稿の編集方法を紹介します。

一度保存した投稿を編集する

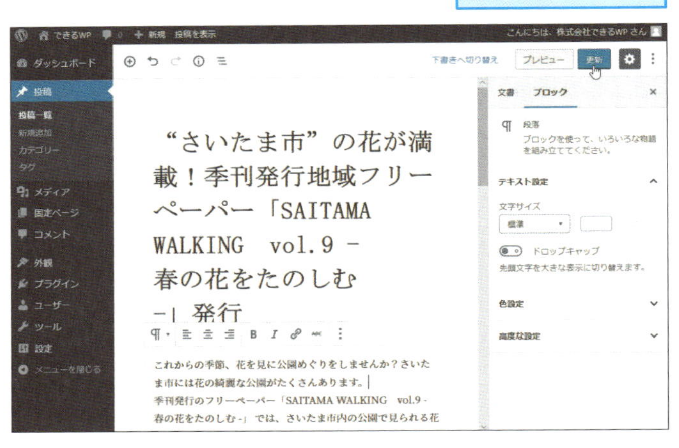

Hint!

公開した後でも修正できる

WordPressでは、公開した投稿も編集できます。また、イベントの日時や場所など読者に大きく関係する情報を訂正・削除をする場合は、その情報を訂正・削除したことが分かるような文章を新しい投稿に記載しておきましょう。

1 投稿を一覧表示する

管理画面を表示しておく

ここでは、投稿の内容を修正していく

1 [投稿] にマウスポインターを合わせる

2 [投稿一覧] をクリック

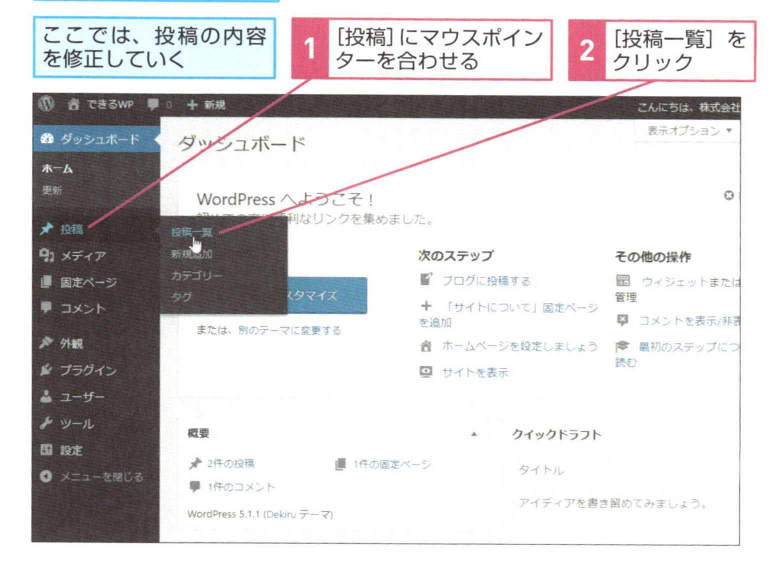

次のページに続く

2 投稿を編集する

投稿が一覧表示された

1 編集する投稿の[編集]をクリック

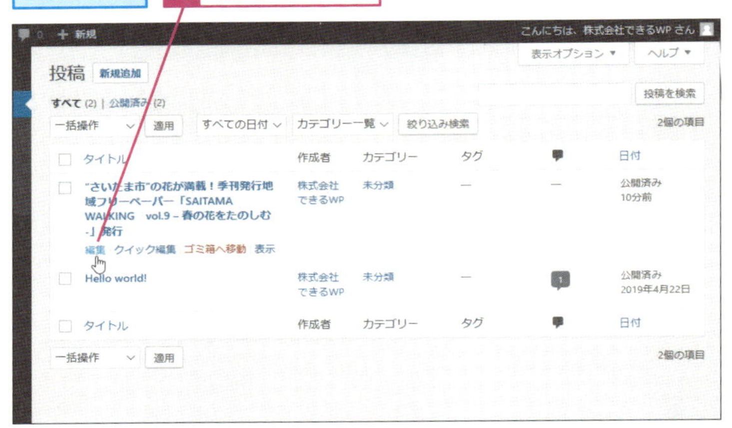

投稿の編集画面が表示された

2 投稿の内容を修正

3 [更新]をクリック

投稿の修正が保存される

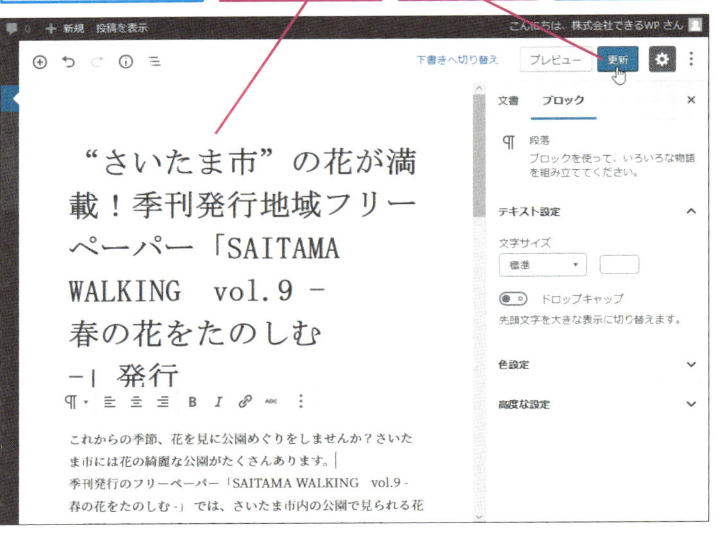

Hint!

クイック編集を利用すると

WordPressでは、クイック編集という機能もあります。これは、投稿のタイトルや日付、スラッグ、カテゴリー、タグなどが簡単に編集できる機能です。残念ながら本文は編集できませんが、すぐにタイトルやタグを変更したいというときに便利です。

1 ［クイック編集］をクリック

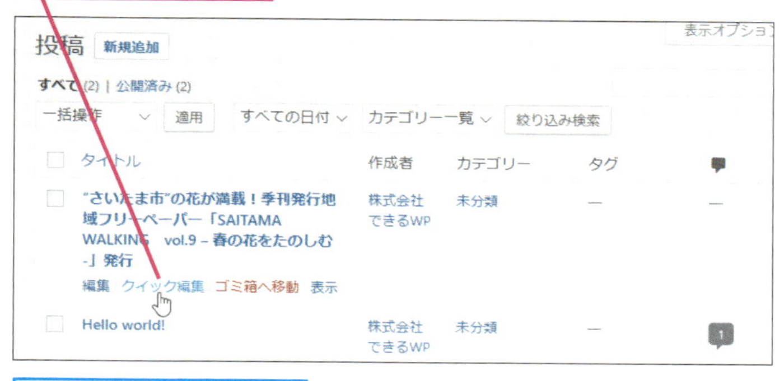

［クイック編集］の画面が表示された

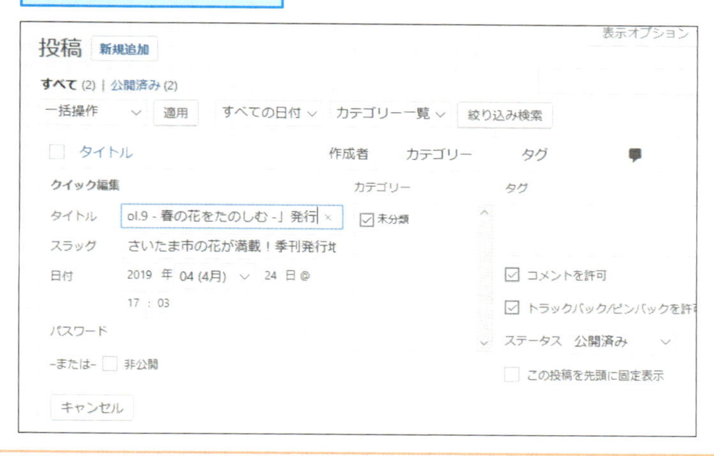

26 投稿の修正

ステップアップ！

挿入した画像を編集するには

WordPressで挿入した画像を編集するには、編集したい画像をクリックした後、鉛筆マークの［画像を編集］ボタンをクリックします。ここで画像の配置や大まかなサイズを変更できます。また、［オリジナルを編集］をクリックすることで、画像サイズの細かな変更やトリミング、回転などの編集ができるようになります。編集が終了したら、それぞれ［更新］や［保存］をクリックすると変更が反映されます。

1 画像をクリックして選択

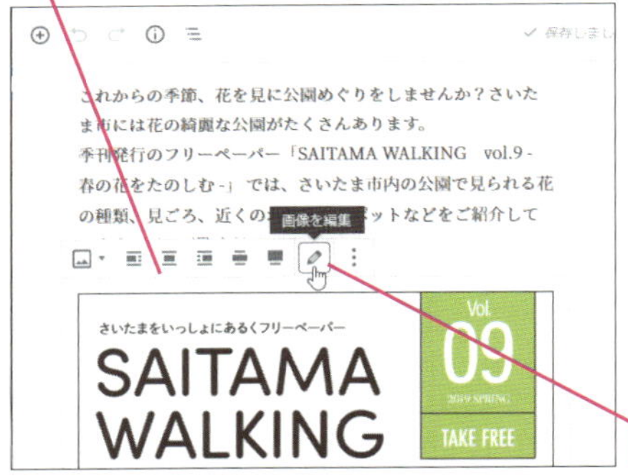

2 ［画像を編集］をクリック

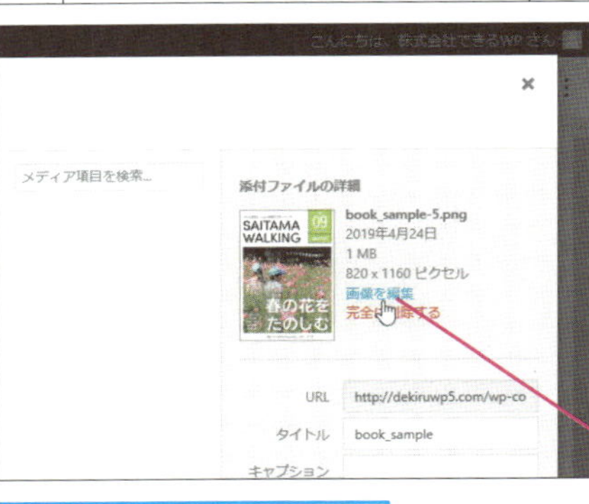

3 ［画像を編集］をクリック

サイズやトリミングなどの編集ができるようになる

第4章 ホームページにコンテンツを投稿しよう

第5章

ホームページの投稿を読みやすくしよう

この章では、第4章で作成した記事へ装飾を加えたり、新しいブロックを追加したりして、記事の読みやすさを高めていきます。見出しやリストなどさまざまなスタイルの書式を設定し、メリハリのある記事を作りましょう。併せて、正しい引用の知識やカテゴリーやタグを使った記事の分類方法も学びます。

レッスン 27

文字装飾を設定するには

文字の装飾

ボタン1つで文字にメリハリが付く

一般的なホームページの文章では、強調したい言葉が太字になっていたり、周りの文字とは異なる文字色が設定されていたりすることがあります。WordPressの投稿や固定ページでは、ボタンのクリック操作で簡単に書式を設定できます。また、より読みやすくするために、箇条書きにする機能や文字をクリックすると別のホームページに移動する「リンク」を追加する機能もあります。WordPressの文字装飾機能で、投稿を読みやすくしましょう。

Before

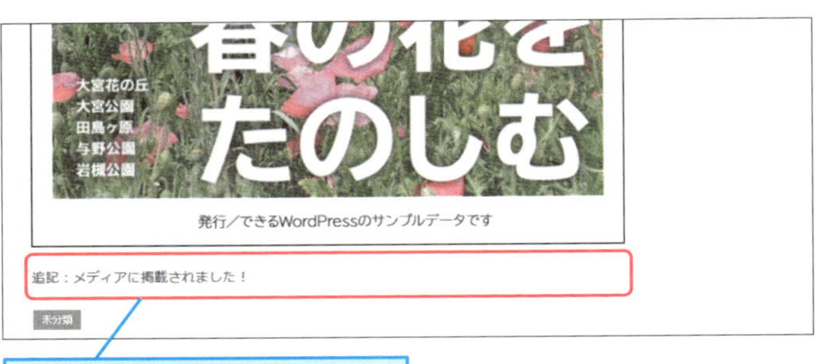

文字に背景色を付けて色を付ける

After

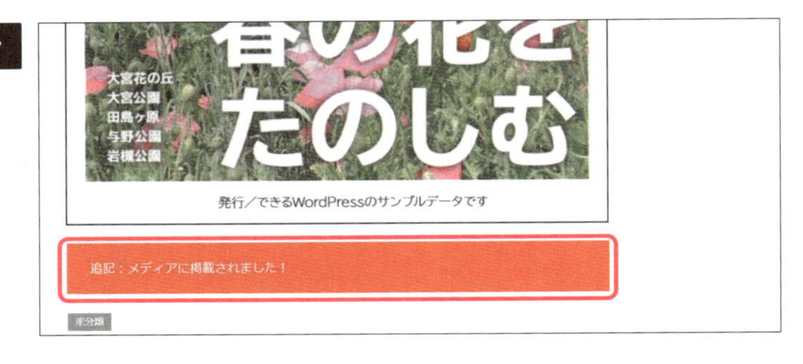

1 [段落] ブロックを挿入する

装飾した文字を挿入する投稿を表示しておく

1 [ブロックの追加] をクリック

2 [段落] をクリック

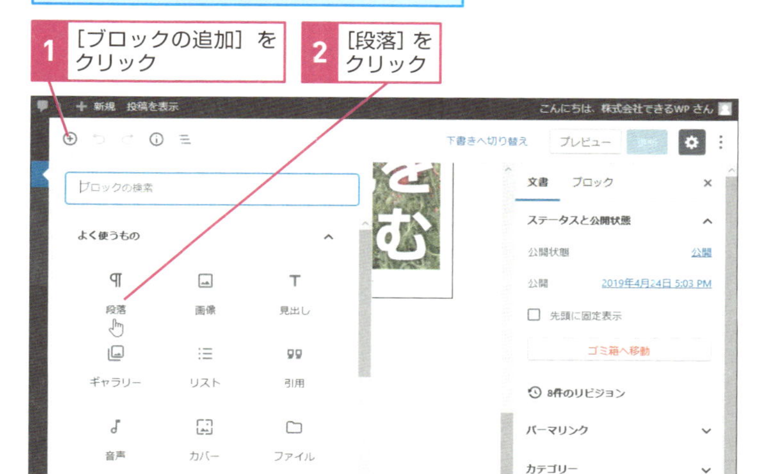

2 装飾する文章を入力する

元になる文章を入力する

1 文章を入力

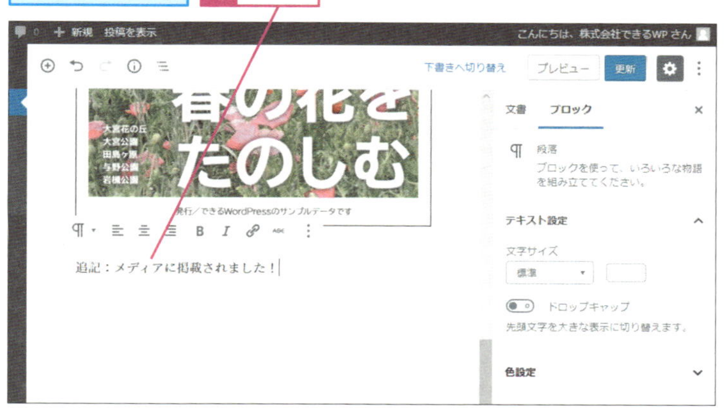

次のページに続く

3 背景色を付ける

ここでは赤い背景色を付ける

1 ［色設定］をクリック

2 ［レッド］をクリック

4 カスタムカラーピッカーを表示する

背景色が赤に設定された

このままでは文字が読みづらいので、文字の色を白に設定する

1 ［カスタムカラーピッカー］をクリック

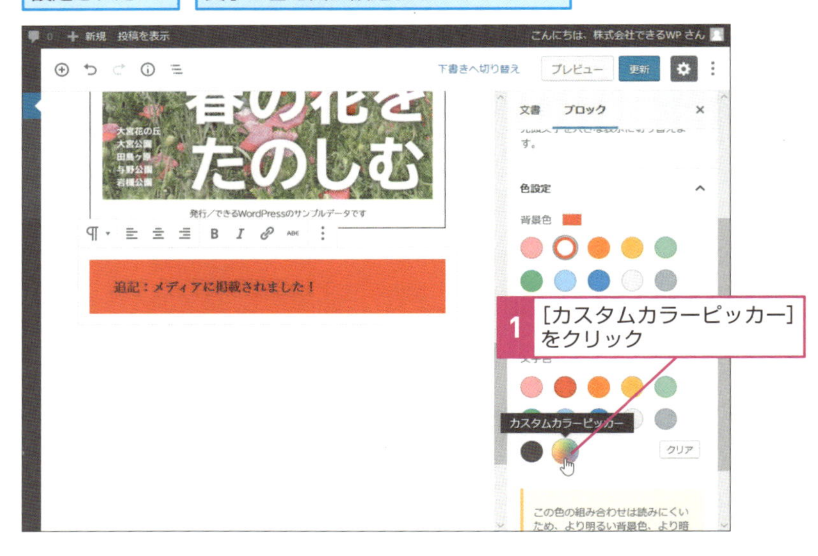

5 文字に色を付ける

カスタムカラーピッカーが表示された

6 文字に背景色と色が付いた

更新しておく

1 [更新]をクリック

Hint!

文字を太字にするには

文字列へ太字を設定するには、以下の手順で行います。

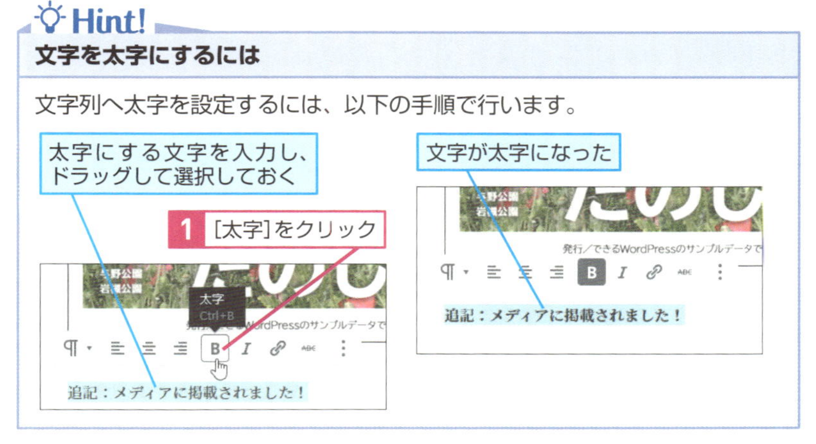

レッスン 28

見出しを付けて投稿を読みやすくするには

見出し

適切な見出しを付けよう

見出しとは、文章の内容が一目で分かるように付ける表題や要約の言葉のことです。ホームページでは、読者や検索エンジンにそのページの重要なテーマを伝えるために「Hタグ」というHTMLタグで見出しになる文字列を囲います。Hタグに囲まれているテキストは、どのブラウザーでも大きめに表示されるため、読者にとっては「ここは重要そうだな」という視覚的な手がかりになるとともに、続くコンテンツの内容を理解しやすくなります。WordPressではHタグを自動的に付ける「見出し」ブロックが予め用意されていますので、それを使って文章を読みやすくしてみましょう。

Before

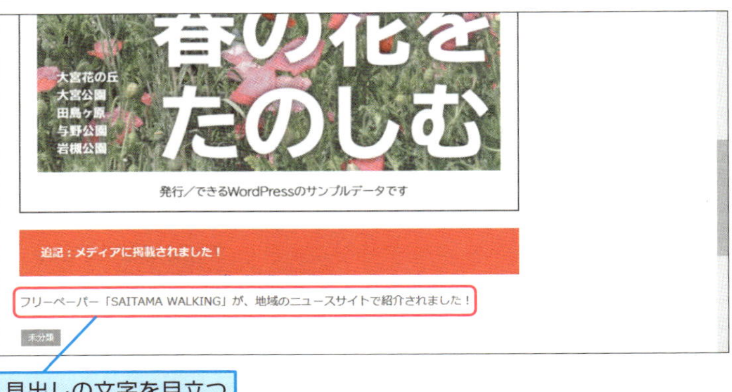

見出しの文字を目立つようにする

After

発行／できるWordPressのサンプルデータです

追記：メディアに掲載されました！

フリーペーパー「SAITAMA WALKING」が、地域のニュースサイトで紹介されました！

未分類

28 見出し

Hint!

見出しにはレベルがある

見出しタグには、H1からH6まで合計6種類あり、数字が小さいほど大きな見出しを表します。WordPressの多くのテーマでは記事のタイトル部分に一番大きな見出し（H1）が使用されるため、コンテンツ編集エリアのツールバーではH2からH4までの見出しが選択できるようになっています。H2は大見出し、H3は中見出し、H4は小見出しと考えると分かりやすいでしょう。さらに小さな見出しのH5やH6を利用したい場合は、パネルエリアから選択することができます。

◆H2

さいたま市内の公園で見られる花

◆H3

さいたま市内の公園で見られる花の

◆H4

さいたま市内の公園で見られる花の見ご

1 文字を見出しに変換する

レッスン27を参考に、[段落]ブロックを挿入しておく

[段落]ブロックに見出しの文言を入力しておく

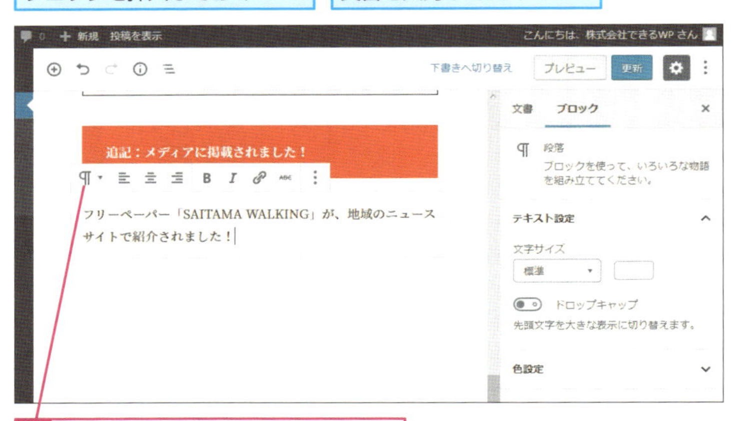

1 [ブロックタイプまたはスタイルを変更]をクリック

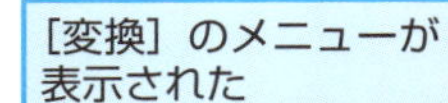

[変換] のメニューが表示された

2 [見出し] をクリック

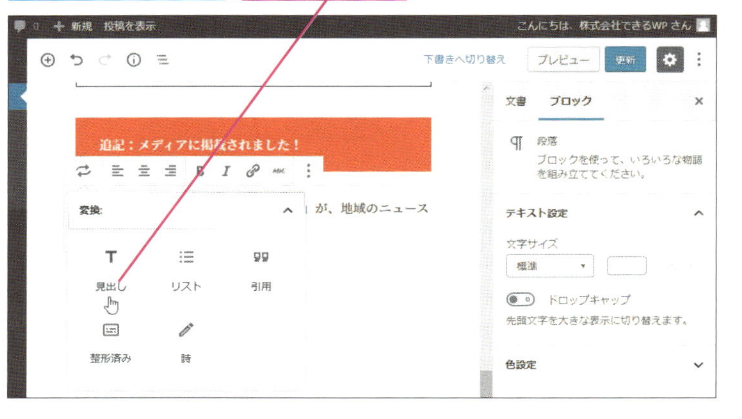

2 文字が見出しに変換された

ここをクリックすれば、見出しのレベルを変更できる

ここでは［H2］のままで保存する

1 ［更新］をクリック

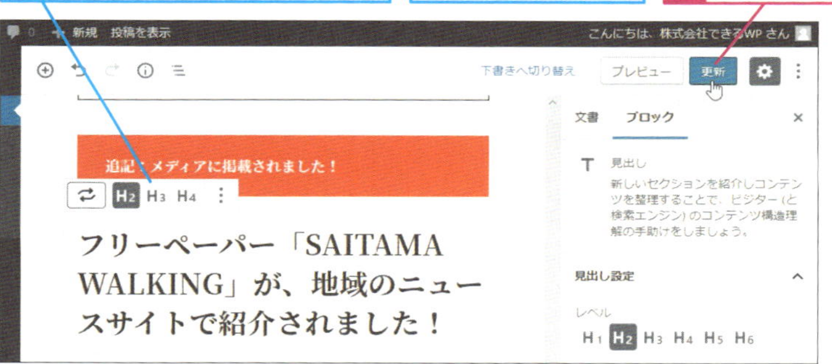

レッスン29で続けて編集するのでそのままにしておく

Hint!
ブロックの種類は後から変換できる

このレッスンでは「段落ブロック」で文字を入力したあとに「見出しブロック」へ変更する手順を解説しました。まずは記事を執筆することに集中し、後からブロックの種類を変更し、まとめて体裁を整えるという流れを想定しています。しかしレッスン27で段落ブロックを指定して挿入したように、最初からブロックの種類を指定して挿入することも可能です。どちらの手順でも問題ありませんので、ご自身の作業しやすい方法を採用してください。

Hint!
見出しは順番に使おう

見出しはH2→H3→H4…と、文書構造の順番通りに使っていく必要があります。デザインが良いからといって、いきなりH4から使い始めたり、H2の下にH4が入ったりするのは好ましくありません。文章の見出しの付け方や文書構造については「ウィキペディア」の書き方が参考になります。

▼ウィキペディア
https://ja.wikipedia.org/wiki/

レッスン 29

箇条書きのリストで投稿を整理するには

リスト

リストで情報を整理し、見やすくしよう

リストとは、一般的にはある目的のために品目や数字、データなどを書き出した一覧表のことをいいますが、ホームページでは何かの項目の箇条書きや手順などを表現するときに「リスト」を使用します。このリストには2つのタイプがあり、順序の関係ない「箇条書きリスト」と、数字で表される「順序付きリスト」があります。ブロックエディターにもリストブロックが用意されていますので、リストで整理できそうなところはぜひ使ってみましょう。

Before

After

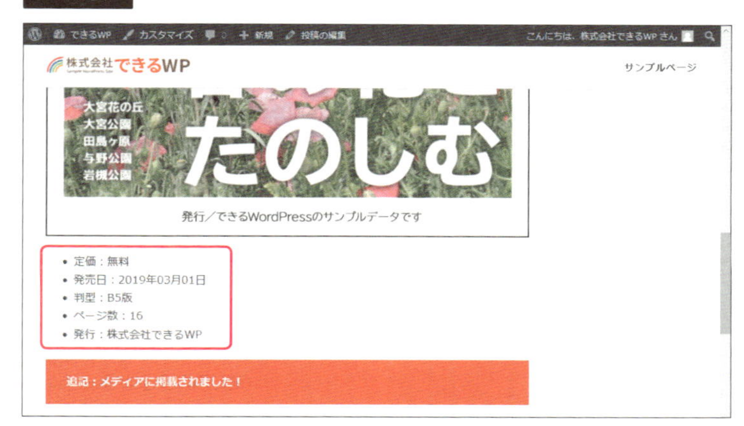

1 [リスト] ブロックを挿入する

リストを挿入する投稿を表示しておく

1 [ブロックの追加] をクリック

2 [リスト] をクリック

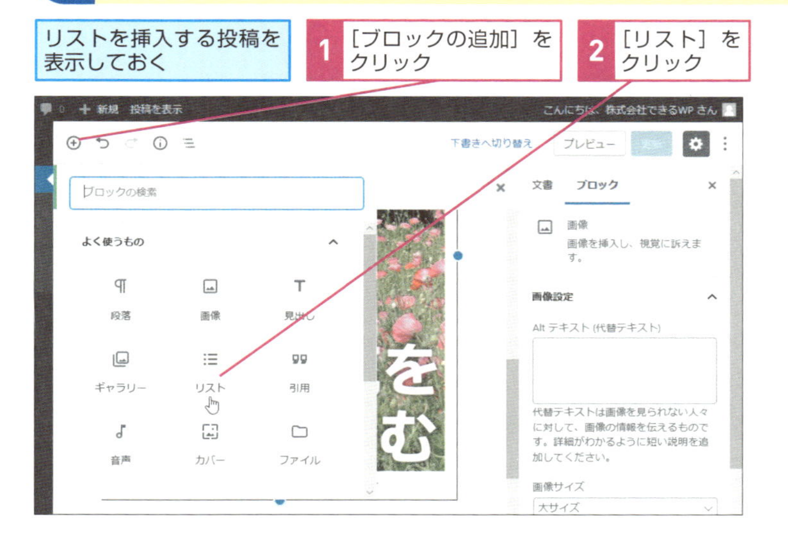

次のページに続く

2 箇条書きの文章を入力する

[リスト]ブロックが挿入された

1 1行目の文字を入力

2 Enter キーを押す

・定価：無料

文頭に「・」が表示された

3 同様の手順で入力

箇条書きの文章が入力された

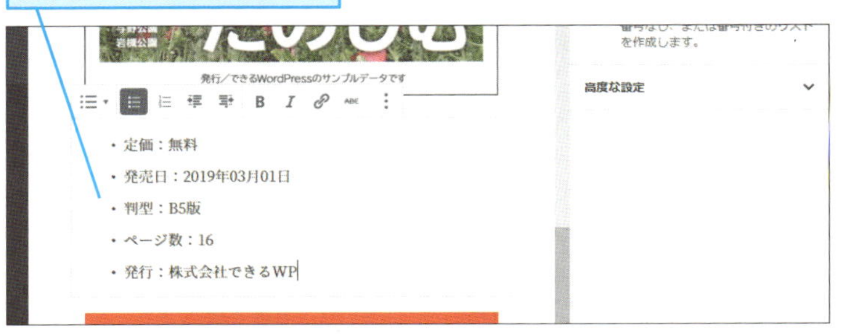

Hint! 「見た目だけリスト」に注意しよう

「段落ブロック」内でテキストの先頭に「・(中黒)」や「(1)」などを手打ち入力して作る「見た目だけリスト」を作っていませんか？　見た目はリストのように見えますが、検索エンジンやブラウザーからすると段落ブロックで作った「見た目だけリスト」と、リストブロックで作った「リスト」では全く意味が異なるものになります。リストにすべきところはきちんと「リストブロック」を使って作りましょう。

Hint!

先頭に数字を付けるには

リストブロックを挿入すると先頭が「●」になる「箇条書きリスト」が標準で設定されます。行頭を数字に変更したい場合は、該当のリストブロックを選択し、表示されたツールバーの「順序付きリストに変換」をクリックしましょう。「●」が「数字」に置き替わります。

1 [順序付きリストに変換]をクリック

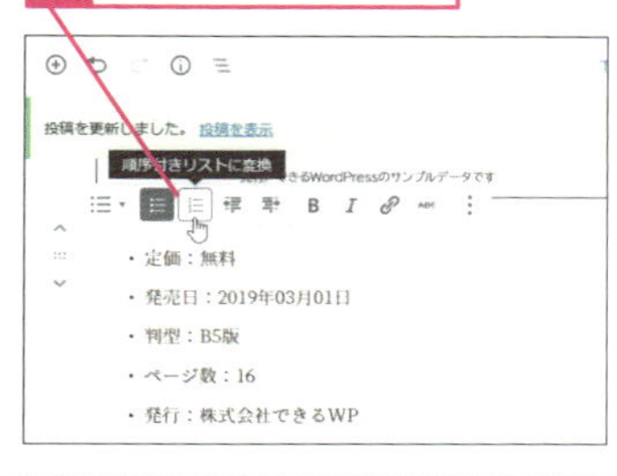

先頭に数字が付いた

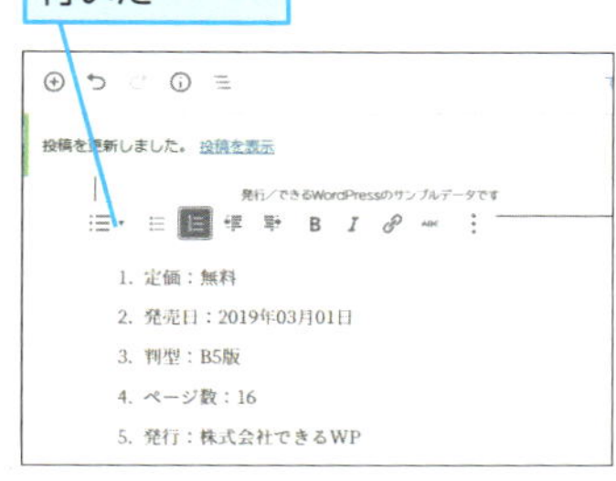

Hint!

階層構造のリストを設定するには

リストブロックでは、右の例のように階層構造を持ったリストを設定することができます。全ての文字を同じ階層で入力したあとに、サブリストにしたい文字列（この場合は、「犬・猫・うさぎ」の3行）をドラッグし、ツールバーの［リスト項目をインデント］をクリックします。そうすると「動物」を親項目として、「犬・猫・うさぎ」が子項目として設定されます。

1 子項目にする文字列をドラッグして選択

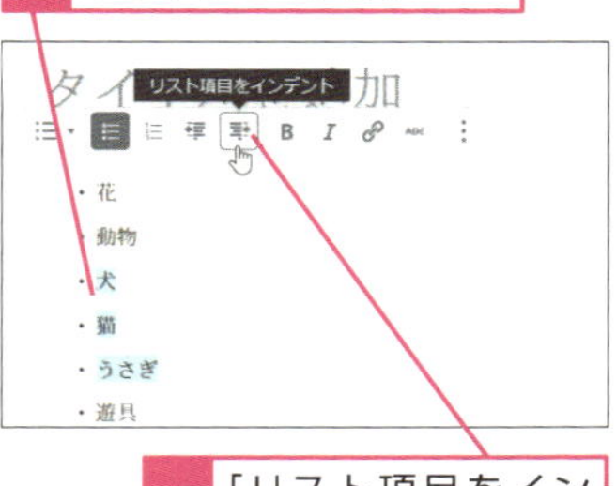

2 [リスト項目をインデント]をクリック

子項目に設定される

29 リスト

レッスン 30

投稿に引用文を追加するには

引用

コピペはNG！正しく引用しよう

コンテンツの制作中に、ほかのホームページや書籍の文章、写真などを「自分のホームページにも掲載したい」という場面が出てくることもあります。しかし特に注釈を付けず、そのままコピー＆ペーストし、あたかも自分で書いたかのよう掲載してしまうと、著作権の侵害となり、違法になってしまいます。引用部分をきちんと区別するため、WordPressには引用ブロックが用意されているので、このブロックと「引用のルール」を確認しながら正しく引用しましょう。

Before

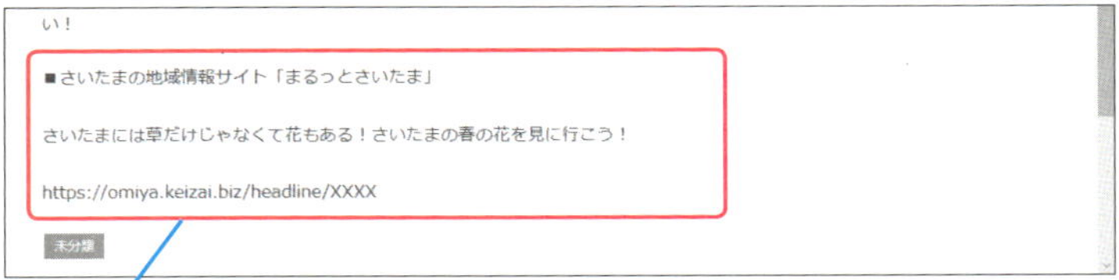

い！

■さいたまの地域情報サイト「まるっとさいたま」

さいたまには草だけじゃなくて花もある！さいたまの春の花を見に行こう！

https://omiya.keizai.biz/headline/XXXX

未分類

引用であることがわかるように表示を変更する

After

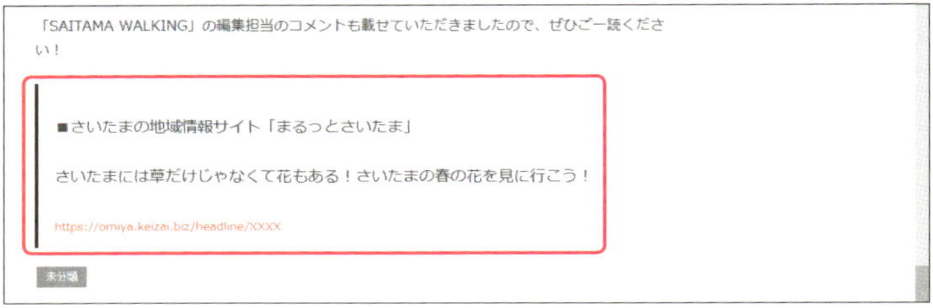

「SAITAMA WALKING」の編集担当のコメントも載せていただきましたので、ぜひご一読ください！

■さいたまの地域情報サイト「まるっとさいたま」

さいたまには草だけじゃなくて花もある！さいたまの春の花を見に行こう！

https://omiya.keizai.biz/headline/XXXX

未分類

どこまでが引用なの？

ほかの人が作った著作物を自分のホームページに掲載したい場合、原則として許可を取る必要がありますが、法律に定められた要件を満たしていれば著作権者の了解なしに利用すること＝引用ができます（著作権法32条)。しかし「引用」とするためには、5つの条件を満たしている必要があります。

●引用の5つの条件

1.すでに公表されている著作物であること
2.公正な慣行に合致すること
3.報道・批評・研究などの引用の目的上正当な範囲内であること
4.出所を明示すること
5.引用部分を改変しないこと

1 ［引用］のブロックを追加する

レッスン22を参考に、新規投稿を開始しておく

1 ［ブロックの追加］をクリック

2 ［引用］をクリック

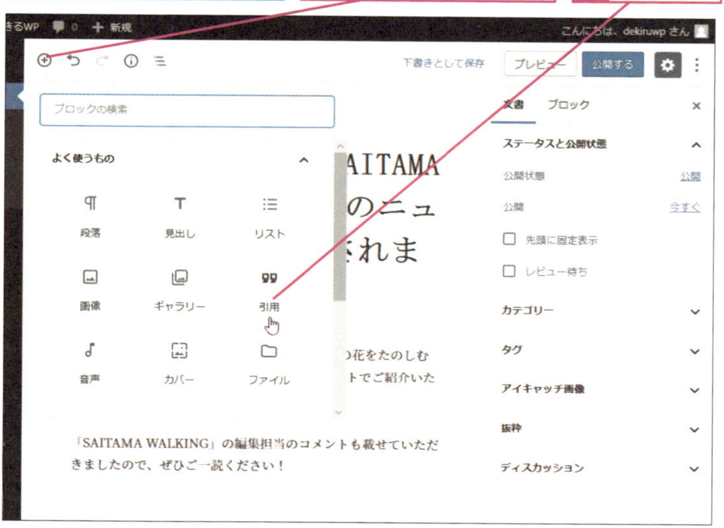

次のページに続く

2 引用文を入力する

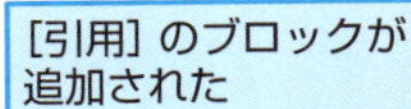

1 引用文を入力

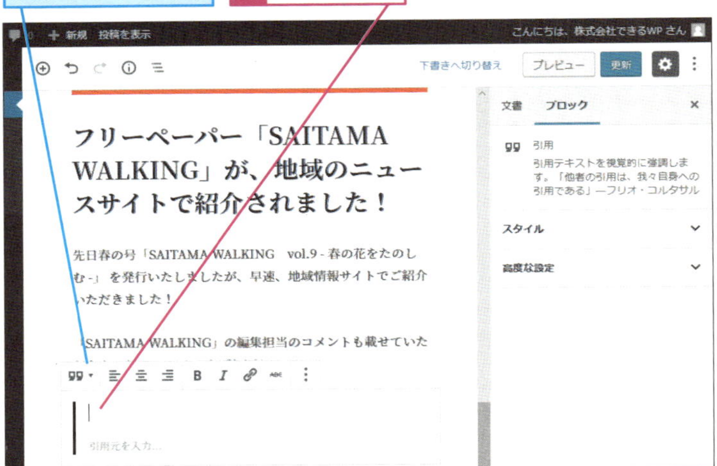

3 引用元を入力する

引用先のリンクを入力する

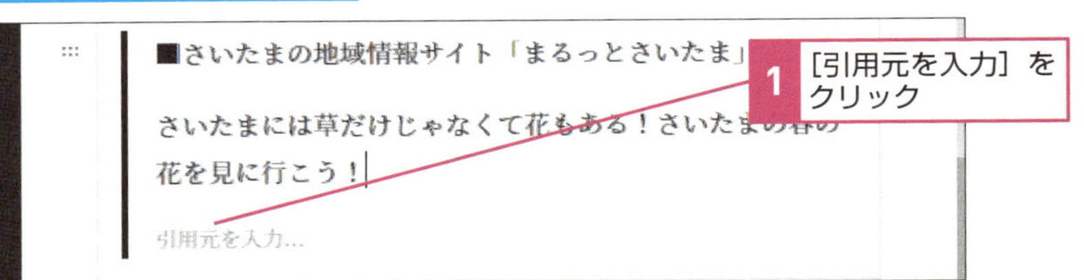

1 [引用元を入力] をクリック

2 リンクを入力

■さいたまの地域情報サイト「まるっとさいたま」

さいたまには草だけじゃなくて花もある！さいたまの春の花を見に行こう！

https://omiya.keizai.biz/headline/XXXX

4 引用先のリンクを有効にする

このままだとURLをクリックしても、
引用元のホームページが表示されない

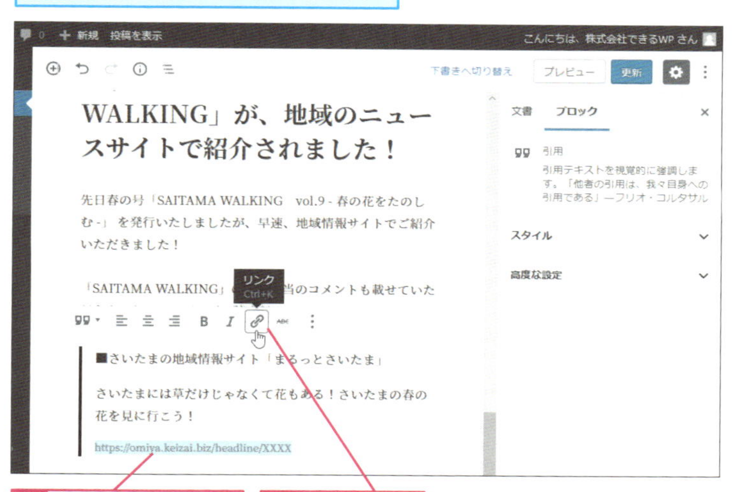

1 引用先をドラッグして選択

2 ［リンク］をクリック

リンクが有効になった

3 ［更新］をクリック

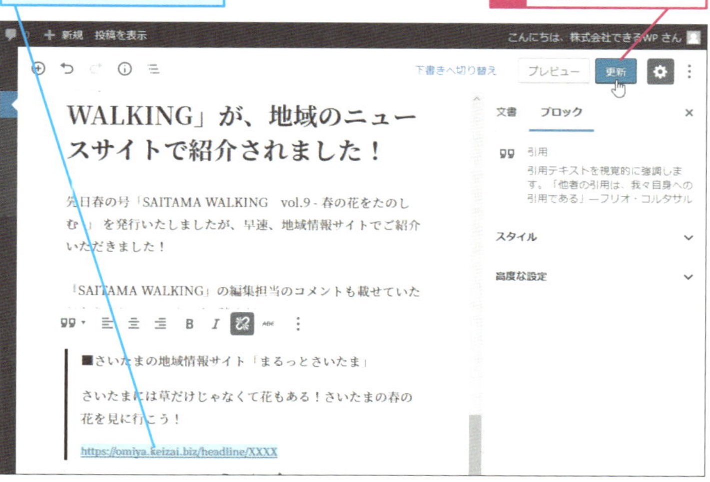

レッスン
31 カテゴリーを設定するには

カテゴリー

関連情報から投稿を探せるようになる

「投稿」は自動的に時系列で整理されますが、長くホームページを運営していくと、公開している投稿の数が多くなっていき、目的の投稿が探しにくくなることがあります。そのような事態を防ぐために、WordPressでは、記事に「カテゴリー」を設定しておくことができます。投稿を新規作成する際に設定しておくことで、投稿を分類ごとに整理できる機能です。カテゴリーは自由に作成することができます。ホームページを訪問する人にとって分かりやすいカテゴリーを作成し、投稿を分類していきましょう。

投稿にカテゴリーを設定する

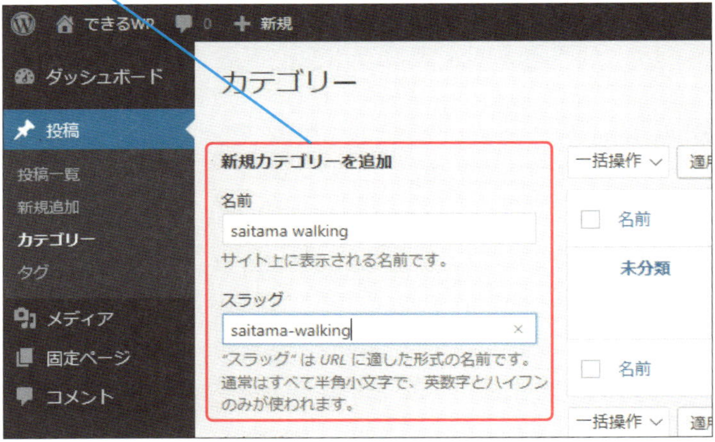

1 カテゴリーの設定画面を表示する

投稿にカテゴリーを設定していく

1 ［投稿］にマウスポインターを合わせる

2 ［カテゴリー］をクリック

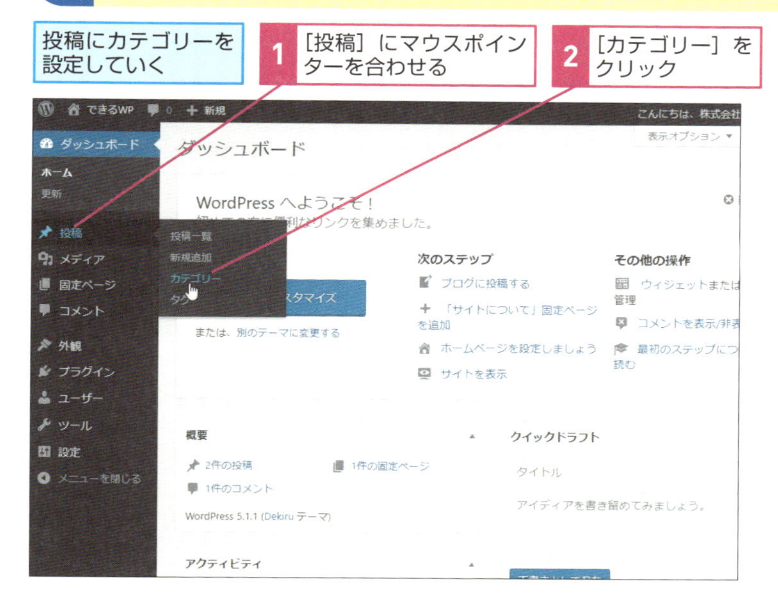

Hint!

カテゴリーって何？

カテゴリーは、記事の分類ごとに分ける機能です。同じジャンルの記事の移動がしやすくなります。初期設定の「未分類」を含め、必ず設定しなければなりません。大きなカテゴリーの中に、小さなカテゴリーを作成し、階層構造を持たせることが可能です。また複数設定することはできます。1つの記事につき、1つのカテゴリーを設定することを原則とすると良いでしょう。

次のページに続く

2 カテゴリーを設定する

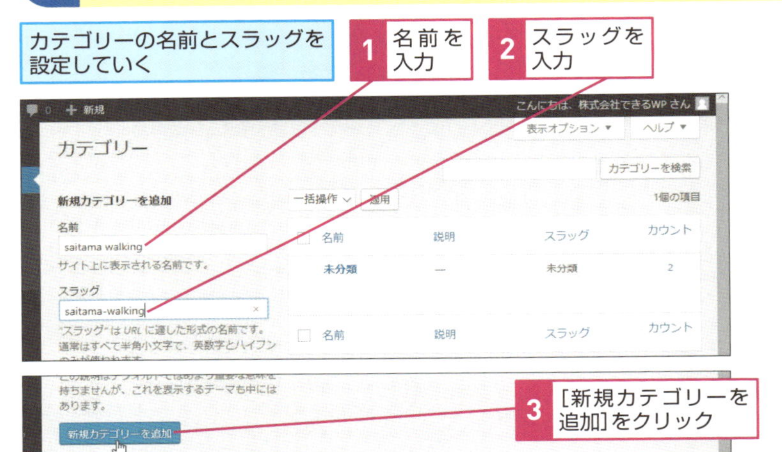

3 カテゴリーを設定したい投稿を表示する

1 [投稿一覧]をクリック

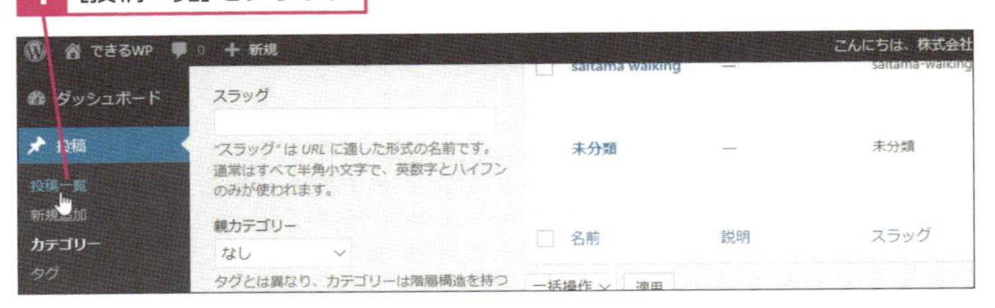

2 [編集]をクリック

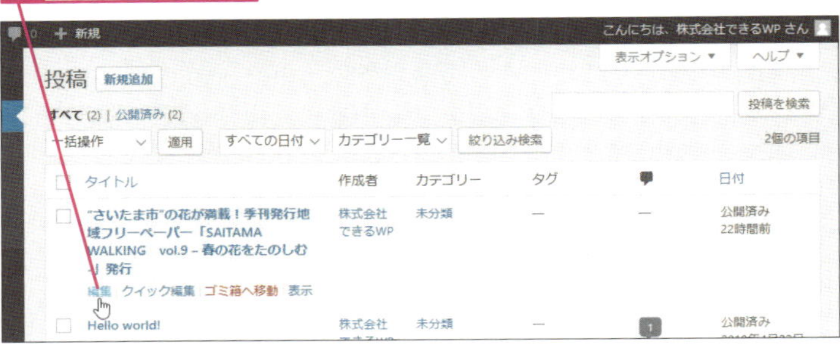

4 投稿にカテゴリーを設定する

[投稿]の[投稿一覧]から投稿の[編集]をクリックして、[投稿の編集]の画面を表示しておく

1 [カテゴリー]をクリック

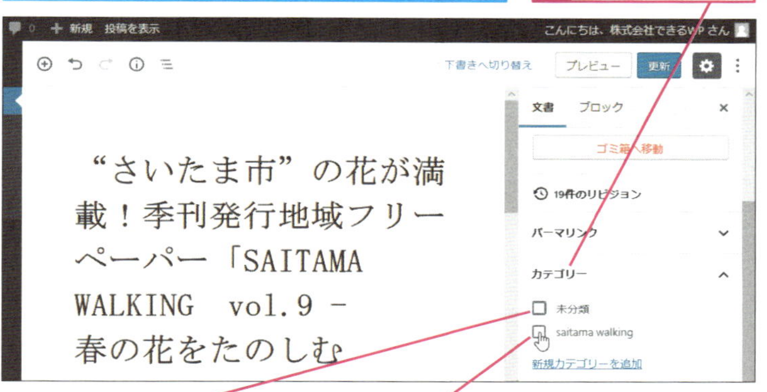

2 [未分類]をクリックしてチェックマークをはずす

3 [saitama walking]をクリックしてチェックマークを付ける

5 投稿を更新する

投稿を公開する

1 [更新]をクリック

Hint!

スラッグって何？

スラッグとは、カテゴリー分けをした際に設定するページ名のことです。カテゴリーごとに設定したスラッグは、「https://~~~/category/＊＊」の＊の部分に反映されます。半角小文字で英数字とハイフンのみが使われます。カテゴリーを簡潔に表すスラッグ名を付けましょう。手順2では、「saitama-walking」というスラッグを設定するので「https://~~~/category/saitama-walking」というURLになります。

ステップアップ！

ツールバーの機能を知ろう

ツールバーは選択しているブロックによって表示されるボタンが変わります。段落ブロックを選択したときに表示されるツールバーの主なボタンの機能を下表にまとめます。

●編集画面の主なボタンと機能

ボタン	名前	機能
	左寄せ	文字を左に寄せる
	中央寄せ	文字を中央に寄せる
	右寄せ	文字を右に寄せる
B	太字	文字を太字にする
I	イタリック	文字を斜体にする
	リンク	リンクを作成する
ABC	打ち消し	文字に打ち消しの横線を入れる

第6章

文章や動画などのさまざまな表現を追加しよう

WordPressを使えば、文章と画像のみのシンプルな投稿だけでなく、動画や表などを挿入した投稿や、凝ったレイアウトの投稿も簡単に作成することができます。この章では、投稿にさまざまな表現を追加する方法と、WordPressでページを作成するもう1つの機能「固定ページ」について解説します。

レッスン 32

投稿にカバー画像を追加するには

カバー

画像に文字を重ねて、視覚的に印象付ける

カバー画像とは、投稿の「表紙（カバー）」にあたる、文字を重ねた画像のことです。投稿の導入部にカバー画像を使うと、文字と画像とが一度に目に入り、どんな内容のページなのかがひと目で分かります。おしゃれな印象の画像なので作るのが難しそうに感じるかもしれませんが、[カバー] ブロックを使えば、画像や動画に文字を簡単に重ねることができます。

投稿の先頭にカバー画像を挿入する

1 [カバー] のブロックを挿入する

カバー画像を挿入するページの投稿の画面を表示しておく

1 [ブロックの追加] をクリック

2 [一般ブロック] をクリック

3 [カバー] をクリック

2 画像のアップロードを開始する

[カバー] のブロックが挿入された

1 [アップロード] をクリック

次のページに続く

3 アップロードする画像を選択する

[開く] ダイアログボックスが表示された

1 画像の保存されたフォルダーを表示

2 画像をクリックして選択

3 [開く] をクリック

Hint! 画像の表示方法が選択できる

カバー画像は2つの表示方法から選択できます。

❶端末サイズに合わせて自動的に拡大・縮小
❷拡大縮小されない固定表示

デフォルトの設定は1になっていますが、ブロックパネルの［カバー設定］-［固定背景］をオンにすると2になります。文字での説明だとイメージがつかみづらいので、エディターでオンとオフを切り替えながら挙動を確認してみてください。

Hint! カバー画像の文字も装飾できる

画像に重なる文字にも太字やイタリックなどの装飾や、リンクの設定が行えます。変更したい文字列を選択し、表示されたボタンをクリックして設定してください。

4 文字を入力する

画像が挿入された

1 ［タイトルを入力］をクリック

2 文字を入力

3 ［下書きとして保存］をクリック

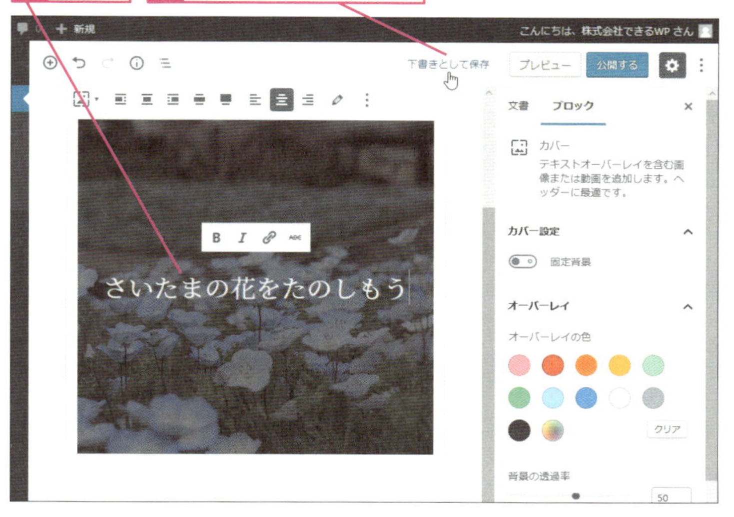

レッスン
33

アイキャッチ画像を設定するには

アイキャッチ画像

要約を画像で彩って投稿を目立たせる

投稿を作成するときに、WordPressではアイキャッチ画像を設定できます。アイキャッチ画像とは、「投稿」記事一覧のそれぞれの投稿別に表示され、ホームページを訪問する人がパッと見てその投稿の内容が分かる画像のことです。例えば、商品を説明する記事なら商品写真や商品を利用している様子の画像を設定するといいでしょう。スタッフの採用に関する記事であれば、スタッフが楽しそうに働いているような写真を設定しても構いません。

投稿にアイキャッチ画像を設定する

1 アイキャッチ画像の設定画面を表示する

レッスン32で作成した投稿に、アイキャッチ画像を設定していく

1 ［アイキャッチ画像］をクリック

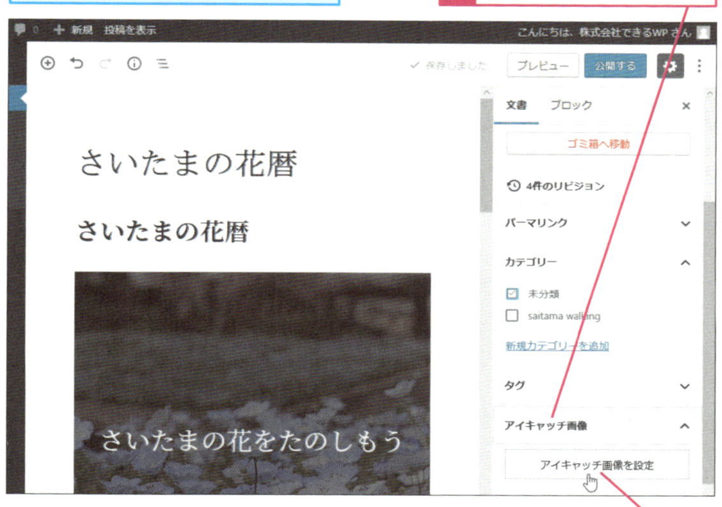

2 ［アイキャッチ画像に設定］をクリック

2 アイキャッチ画像をアップロードする画面を表示する

アップロードする画像を選択する

1 ［ファイルをアップロード］をクリック

2 ［ファイルを選択］をクリック

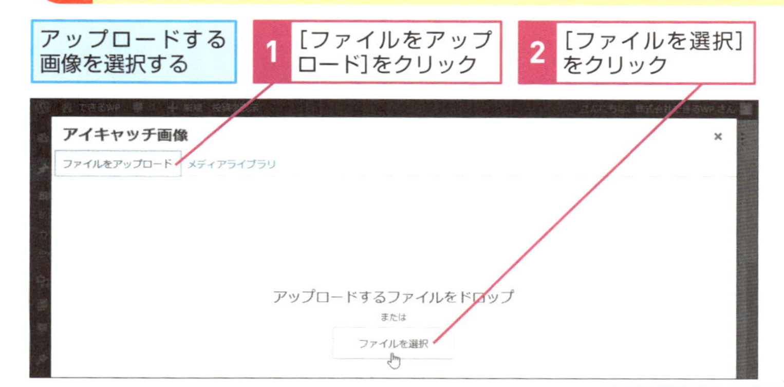

次のページに続く

3 アップロードする画像を選択する

[開く] ダイアログボックスが表示された

1 画像の保存されたフォルダーを表示

2 画像をクリックして選択

3 [開く] をクリック

4 アイキャッチ画像が表示された

[アイキャッチ画像] のダイアログボックスが表示された

1 画像が選択されていることを確認

第6章 文章や動画などのさまざまな表現を追加しよう

5 アイキャッチ画像を設定する

画像がアップロードされた

画像をアイキャッチ画像に設定する

1 ［選択］をクリック

6 アイキャッチ画像が設定された

投稿にアイキャッチ画像が設定された

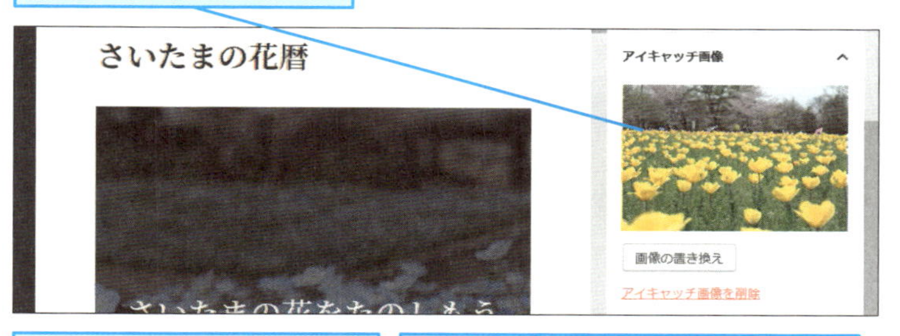

レッスン24を参考に、投稿を下書きとして保存しておく

次のレッスンでも投稿を編集するので画面をそのままにしておく

Hint! アイキャッチ画像を削除するには

アイキャッチ画像を削除するには、アイキャッチ画像の下の［アイキャッチ画像を削除］をクリックします。また、ここで削除しても、その画像自体はメディアライブラリにも残ったままなので、そのまま投稿に使用することもできます。

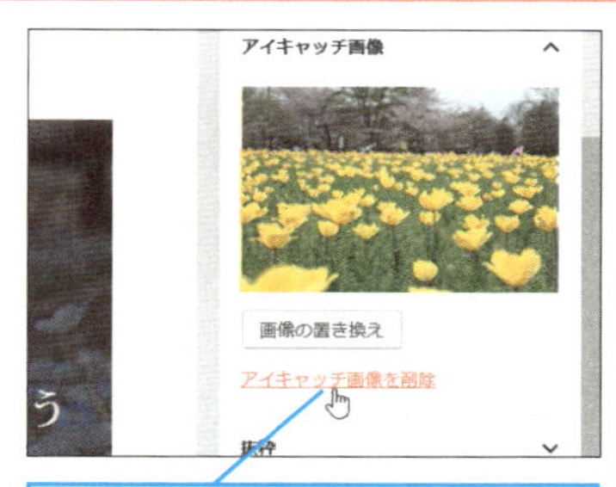

［アイキャッチ画像を削除］をクリックすると、アイキャッチ画像を削除できる

レッスン 34

リンクボタンを追加するには

ボタン

特に重要なリンクはボタンにする

商品の購入ページにつながるリンクやお問い合わせフォームに誘導するリンクなど、投稿の中でも特に目立たせたいリンクがある場合、[ボタン]ブロックを使うと、つい押したくなるボタン型のリンクにすることができます。ボタンの背景色や文字色、形状なども簡単に選ぶことができますので、ホームページのイメージに合ったリンクボタンを投稿に追加してみましょう。

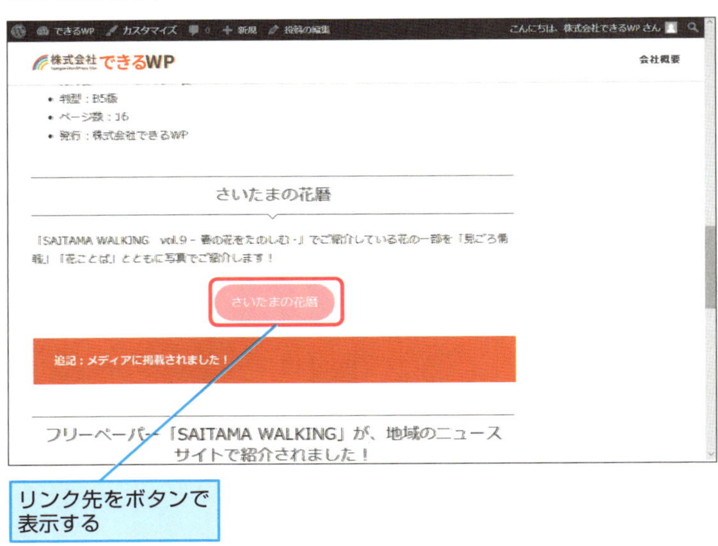

リンク先をボタンで表示する

1 [ボタン] のブロックを挿入する

レッスン22を参考に、タイトルや本文を挿入しておく

1 [ブロックの追加] をクリック

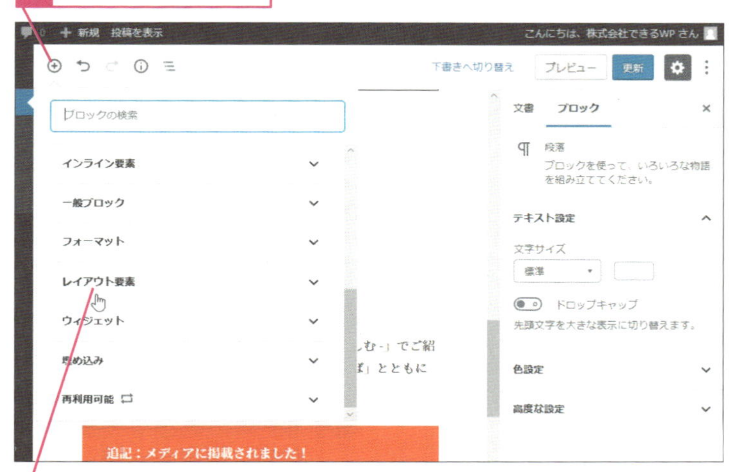

2 [レイアウト要素] をクリック

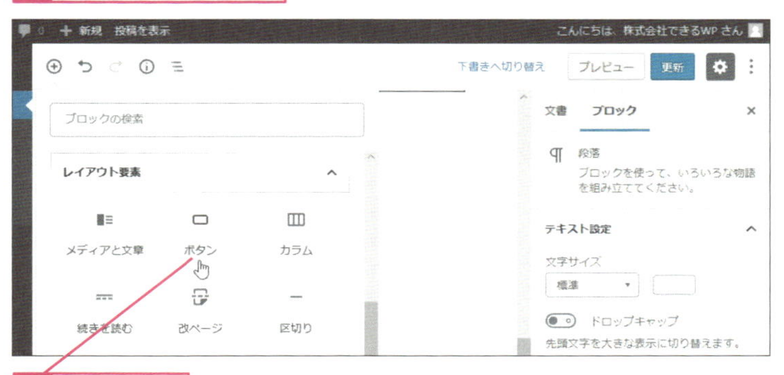

3 [ボタン] をクリック

次のページに続く

2 ボタンに表示される文字を入力する

ここでは「さいたまの花暦」と入力する

1 文字を入力

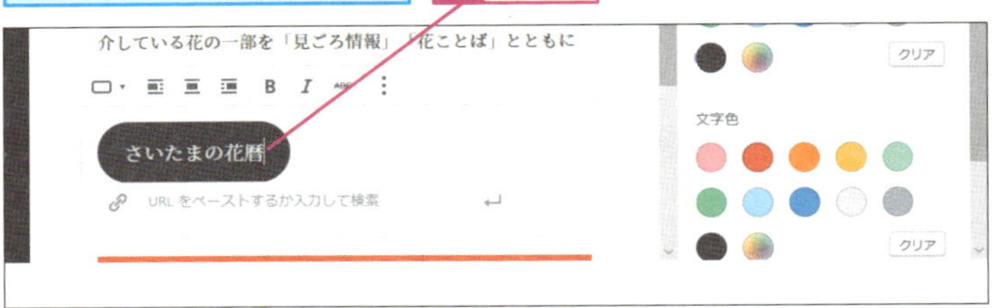

3 リンク先のURLを入力する

ボタンをクリックすると、ここで設定したリンク先のページが表示される

投稿のURLは、［文書］パネルで［パーマリンク］をクリックすると確認できる

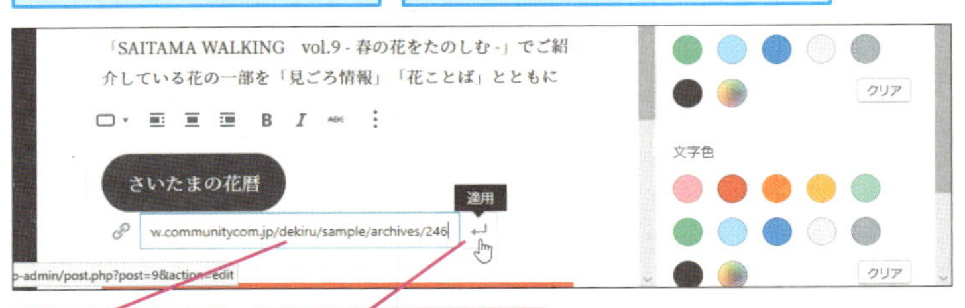

1 URLを入力

2 ［適用］をクリック

4 ボタンの色を設定する

ここではピンクに設定する

1 ［背景色］の［ピンク］をクリック

5 ボタンを中央に配置する

背景色が設定された

1 ［中央揃え］をクリック

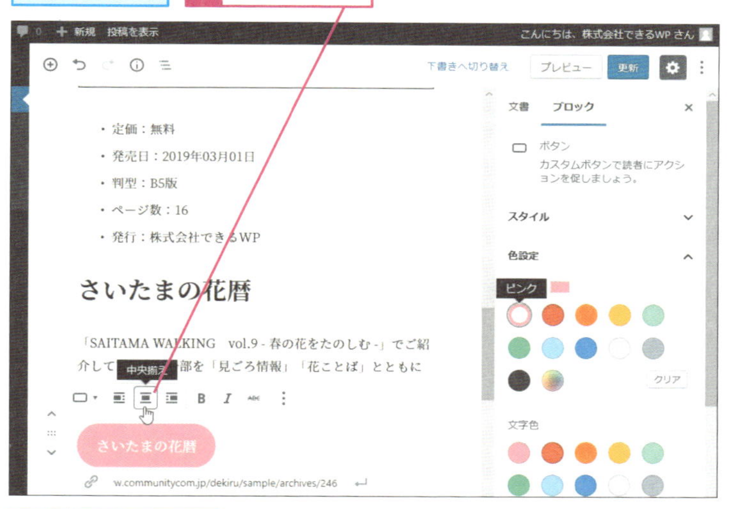

ボタンと文字の色が設定された

2 ［更新］をクリック

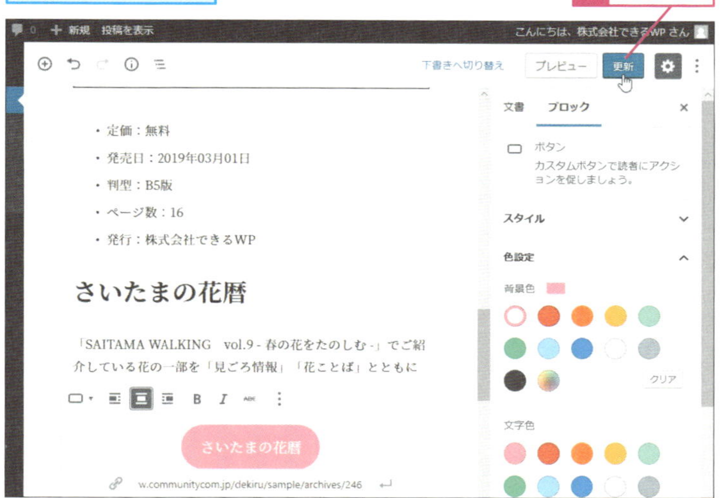

レッスン
35

投稿を複数のページに分けるには

改ページ

長い投稿は分割して読みやすくしよう

文字や画像が多い記事や、手順をひとつひとつ追って解説する記事などは、区切りのいいところで投稿を複数のページに分けると読みやすくなります。複数のページに分けるには、投稿内の分割したい個所に[改ページ] ブロックを挿入します。改ページブロックは投稿内にいくつでも挿入することができ、好きなページ数に分割することが可能です。

[改ページ] ブロックで、ページを2つに分けられる

1 [改ページ] のブロックを挿入する

複数のページに分ける投稿を表示しておく

改ページしたいブロックを選択しておく

2 [改ページ] のブロックが挿入された

[改ページ] ブロックが挿入され、ページが2つに分けられた

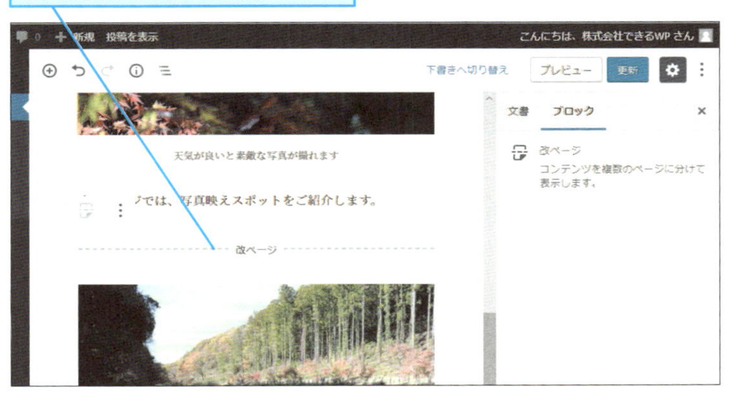

レッスン 36

「投稿」と「固定ページ」の違いを知ろう

投稿と固定ページ

「投稿」は更新頻度の高い記事に向いている

WordPressの管理画面からページを作成する方法には、「投稿」と「固定ページ」の2種類があります。2種類の編集画面は同じブロックエディターなので操作感はほぼ変わりありませんが、記事を作成したあとの整理方法に違いがあるため、内容によって使い分けていく必要があります。下の図を見てください。スタッフブログとイベント告知、新着情報の3カテゴリーは情報の新鮮さが大切な要素になります。その場合、時系列に沿って記事が並ぶ「投稿」を利用します。「投稿」はよく更新を行う記事に向いています。

「投稿」は記事を時系列で整理する

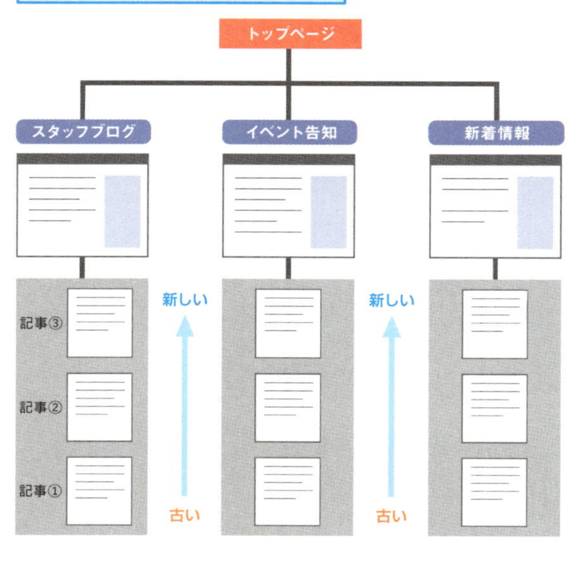

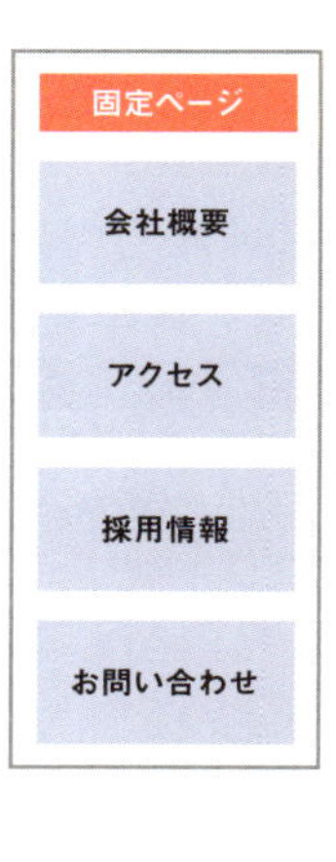

更新頻度の低いページは「固定ページ」で

「固定ページ」は、常に同じ位置に表示したい（＝固定したい）ページの作成に向いています。「会社概要」や「アクセス」、「採用情報」などは、一度書いてしまえばそれほど頻繁に更新しないため「固定ページ」を使用します。時系列で整理される「投稿」とは違い、「固定ページ」は自動的に整理されないので、表示位置が変わることもありません。また「投稿」のようにカテゴリーの設定はできませんが、ページに階層構造を持たせることができるのも「固定ページ」の特徴です。下図のように「会社概要」を親ページとして「代表者挨拶」「事業内容」「沿革」を子ページに設定することもできます。サイトツリーで洗い出したコンテンツを投稿と固定ページのどちらで作成するか整理しておきましょう。

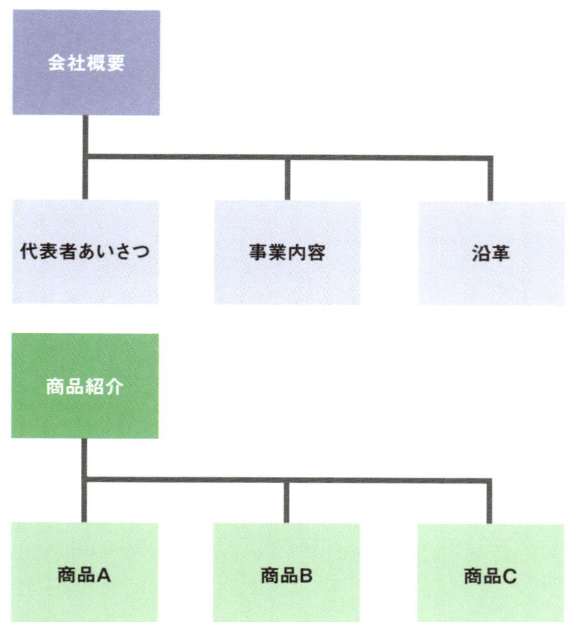

レッスン 37

固定ページを作成するには

固定ページ

更新が少ないページは固定ページで作成しよう

WordPressには、「投稿」と「固定ページ」の2種類の記事作成機能があることをレッスン36で紹介しました。今までは、「投稿」の作成方法について見ていきました。このレッスンでは、「固定ページ」の作成方法を紹介します。レッスン36でも紹介しましたが、「固定ページ」は、例えば、会社概要や業務内容、アクセス方法など、常に固定されていてあまり更新されないページに向いています。このようなページを作成するときは「固定ページ」を利用しましょう。ここでは「固定ページ」の機能で会社の沿革のページを作っていきましょう。

固定ページを新規作成する

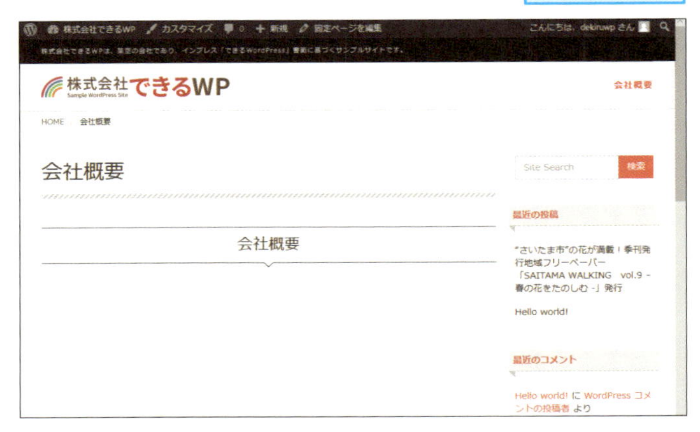

Hint!

固定ページを見られるようにするには

固定ページは、このレッスンの手順で作成するだけではホームページから見られません。メニューに追加するなど、**自分の好きな位置にページの入り口を設定する**ことで、そこから閲覧できるようになります。レッスン43の「メニューを作成するには」で詳しく紹介します。

固定ページには入り口となる「メニュー」が必要となる

1 固定ページを新規作成する

管理画面を表示しておく

1 [新規]にマウスポインターを合わせる

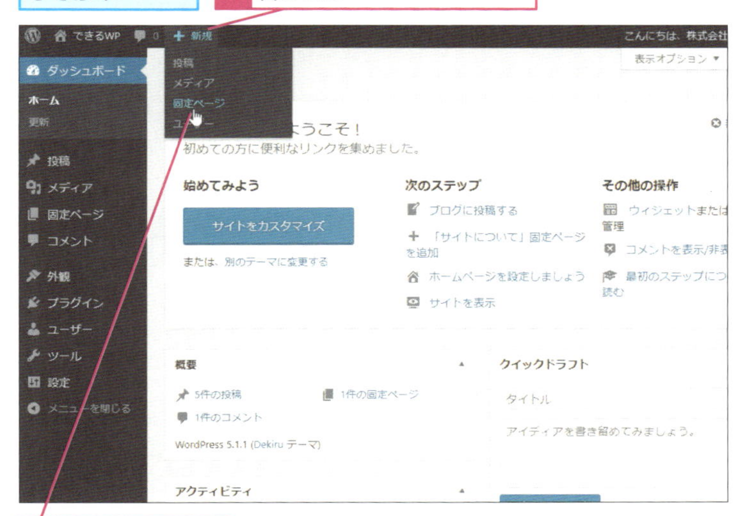

2 [固定ページ] をクリック

次のページに続く

2 固定ページを編集する

[新規固定ページを追加] の画面が表示された

1 固定ページのタイトルを入力

2 [下書きとして保存] をクリック

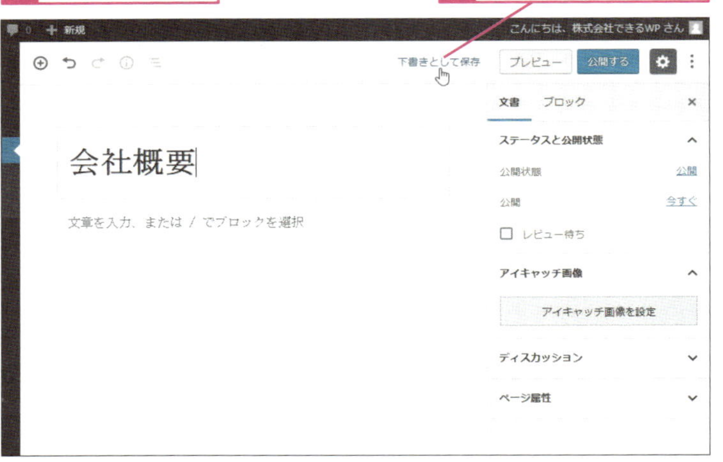

3 [文書] をクリック

4 [パーマリンク] をクリック

Hint! 固定ページの一覧を表示するには

［固定ページ］にマウスポインターを合わせ、［固定ページ一覧］をクリックすると、固定ページの一覧を表示できます。レッスン28で紹介した投稿一覧の画面と同じように、この画面で、今までに作成した固定ページの編集や削除を行えます。

1 ［固定ページ］にマウスポインターを合わせる

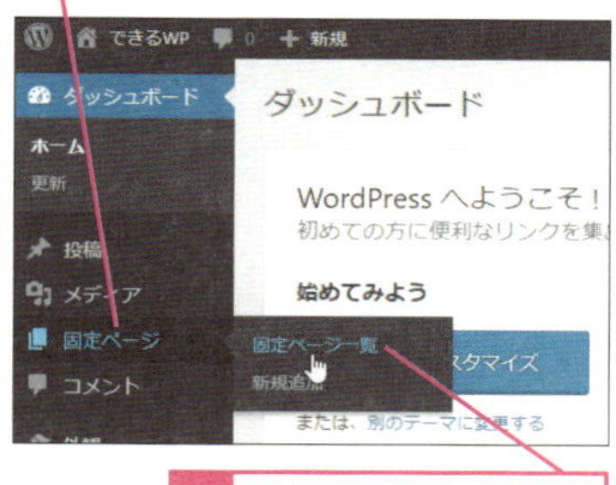

2 ［固定ページ一覧］をクリック

固定ページの一覧が表示された

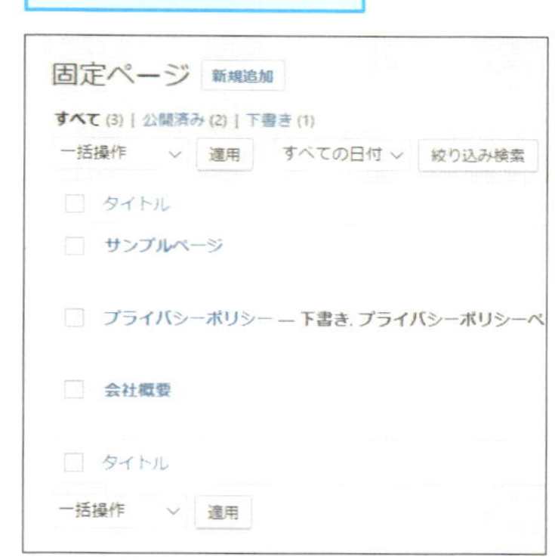

3 パーマリンクを編集する

パーマリンクが書き換えられるようになった

1 ［パーマリンクに設定する文字を入力

次のページに続く

4 固定ページを公開する

パーマリンクが編集できた

固定ページを公開する

1 [公開する] をクリック

Hint! サンプルページを削除するには

WordPressに最初から用意されているサンプルページを削除するには、管理画面の［固定ページ］の［固定ページ一覧］から削除したいページを選択し、［ゴミ箱へ移動］をクリックします。

固定ページの一覧を表示しておく

1 ［ゴミ箱へ移動］をクリック

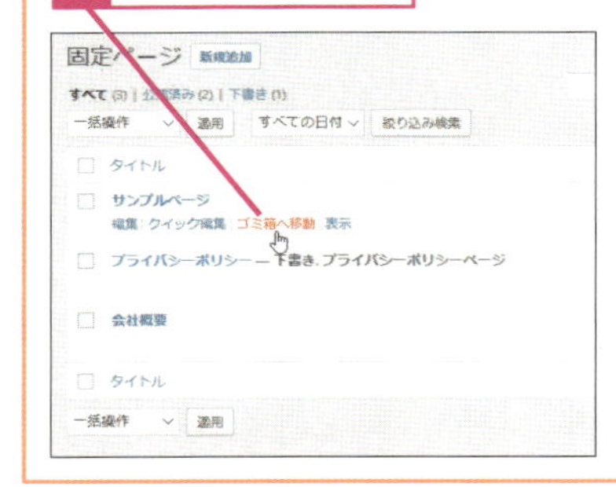

サンプルページが削除された

5 固定ページの公開を確定する

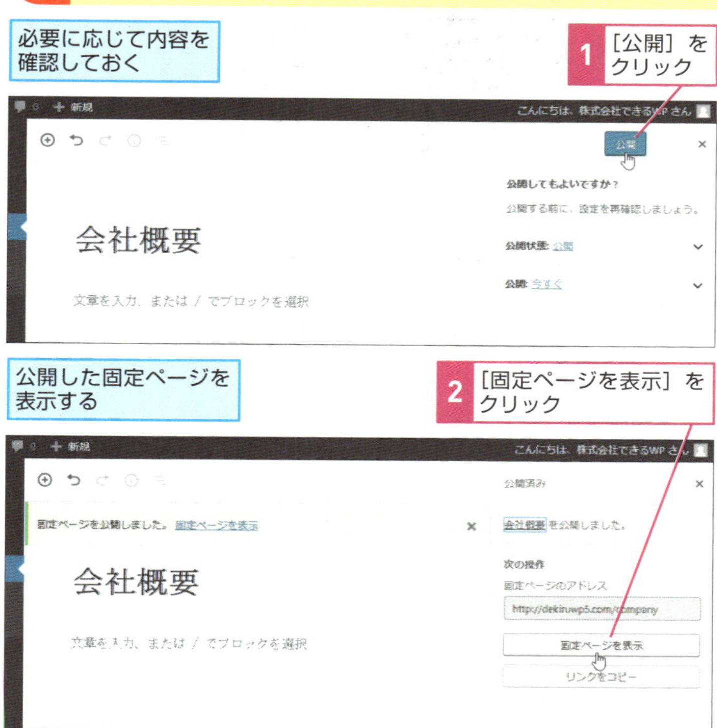

Hint! パーマリンクを変更しておこう

固定ページのパーマリンクは、初期設定では独自ドメインの末尾に番号や投稿のタイトルを付けたものになっています。訪問者に記事の内容を伝えやすくするために、何について書かれた記事なのかが分かるようなパーマリンクに書き換えるといいでしょう。ここでは、投稿のタイトルである「会社概要」という日本語が含まれたパーマリンクになっているので、手順3で英語の「company」という文字列に変更しています。

レッスン
38
固定ページに表を追加するには
テーブル

テーブル機能で簡単に表を追加

ホームページに掲載する情報のうち、会社概要や、プランの料金表などは「表」の形式になっていると、会社やお店としても伝えたい大事な情報を整理して発信することができ、ホームページを見に来た人にとっては分かりやすくなります。ブロックエディターに［テーブル］機能が追加されたことで、表を簡単に追加することができるようになりました。ここではテーブル機能を使って「会社概要」を作る手順を説明します。

1 [テーブル] のブロックを挿入する

表を挿入する固定ページの編集画面を表示しておく

1 [ブロックの追加] をクリック

2 [フォーマット] をクリック

3 [テーブル] をクリック

2 表内のセルの数を設定する

ここでは横が2、縦が11の表を作成する

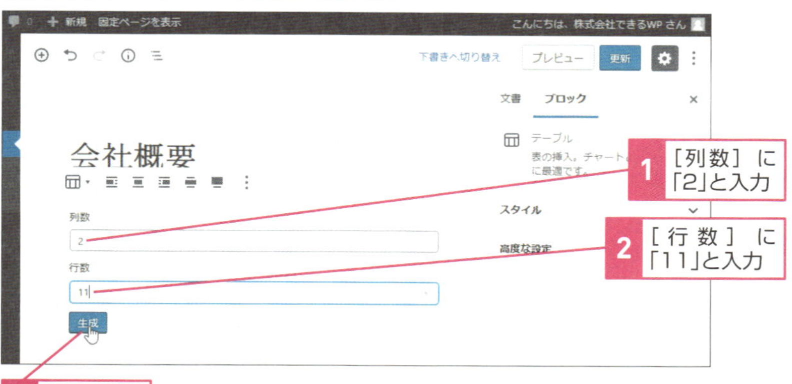

1 [列数] に「2」と入力

2 [行数] に「11」と入力

3 [生成] をクリック

次のページに続く

3 表に文字を入力する

[表] のブロックが挿入された

1 文字を入力するセルをクリック

2 文字を入力

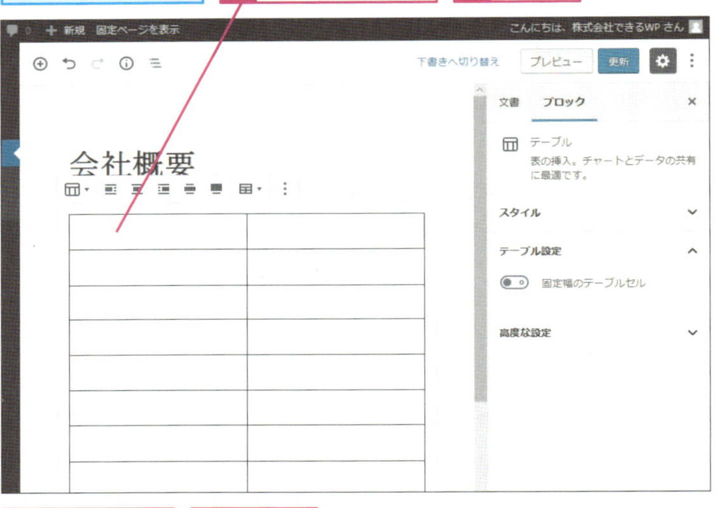

3 次のセルをクリック

4 文字を入力

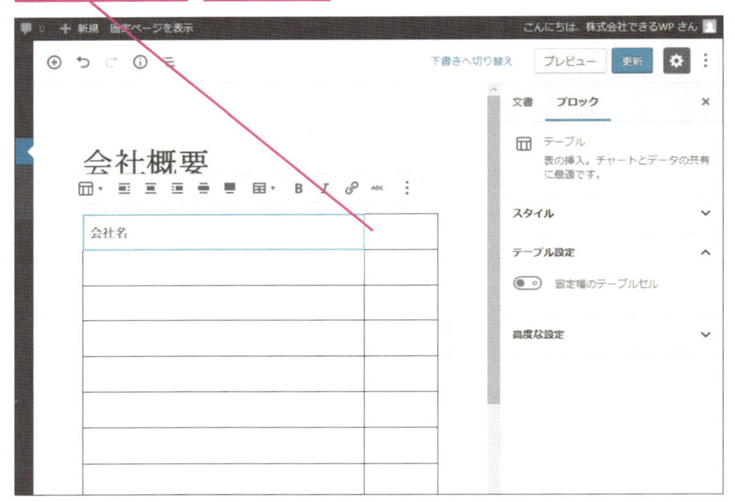

4 表を完成させる

同様の手順でセルに文字を入力していく

表が完成した

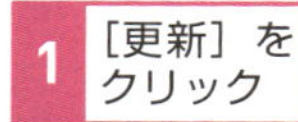

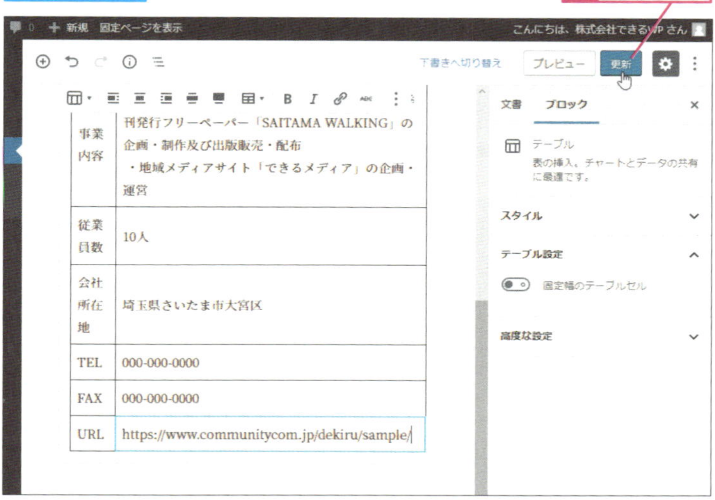

ステップアップ！

ブロックを移動するには

ブロックを移動するには、移動したいブロックを選択した状態で、ブロックの左にある6つの点のアイコンをクリックしたまま好きな位置までドラッグします。または、ブロックの左にある[上へ移動］をクリックして1つ上に移動、［下へ移動］をクリックした1つ下へ移動させることもできます。

1 ［上へ移動］をクリック

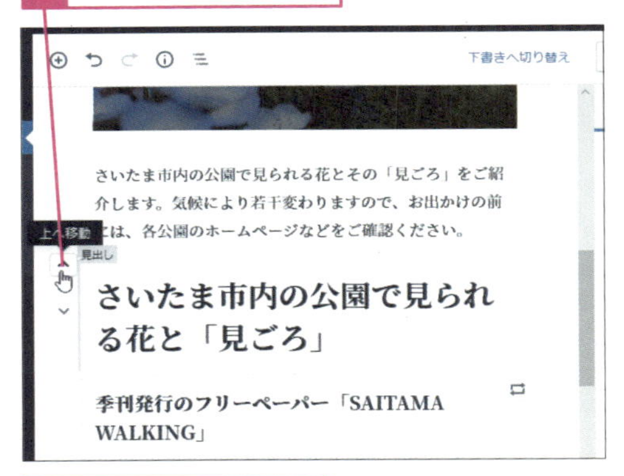

ブロックが上に移動した

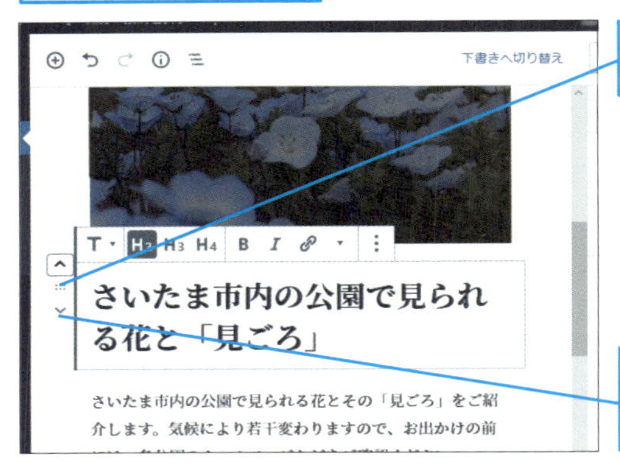

ここをドラッグすると、好きな位置に移動できる

［下へ移動］をクリックすると、真下のブロックと位置が入れ替わる

第7章

ホームページの機能を充実させよう

WordPressには「プラグイン」という、自分のホームページの機能を拡張できる仕組みがあります。この章では、いくつかのプラグインを利用して、自分のホームページにメールフォームなどを追加する方法と、メニューの設定方法、ウィジェット・地図の追加方法を紹介します。また、SEOやスマートフォン対応についても学んでいきましょう。

レッスン
39

ホームページを便利にカスタマイズしよう

プラグイン

メールフォームを設置したい時はプラグインの出番

ホームページの全体の構成がイメージでき、初期の管理画面からページを作成できるようになったら、ホームページの機能を充実させていきましょう。WordPressは「プラグイン」を追加することで、初期の管理画面にはない機能も利用でき、ホームページの機能を拡張できます。例えば、メールフォームを設置するプラグイン（レッスン41）、画像を見やすくするプラグインなど、インターネット上にはWordPress用のプラグインが多く公開されているので、それぞれのホームページの目的に応じてプラグインを使用していきましょう。この章では、その中の一部を紹介していきます。

Hint!

最初から入っているプラグインもある

WordPressには、スパムコメントからホームページを保護するプラグイン「Akismet」とルイ・アームストロングの同名の楽曲の歌詞がランダムに表示される「Hello Dolly」の2種類のプラグインが初めから入っています。また、レンタルサーバーの「簡単インストール」機能の種類によっては、さらに別のプラグインが既に入っている場合があります。

ダウンロードやアップデートを行う必要がある

プラグインの一部はWordPressをインストールした際から入っていますが、ほとんどはダウンロードして利用します。プラグインのダウンロードは、公式WordPressホームページのプラグインディレクトリやWordPressの管理画面から実行できます。ほかのホームページからダウンロードすることもできますが、セキュリティ上の観点から公式ホームページのプラグインを利用し、アップデートを欠かさず行いましょう。また、WordPressも開発者によって常にバージョンアップされ、機能やセキュリティ面が強化されるので、アップデートを欠かさず行うようにしましょう。詳しくは第8章で紹介します。

プラグインはWordPressのホームページでもダウンロードできる

▼公式WordPressホームページのプラグインディレクトリ
https://ja.wordpress.org/plugins/

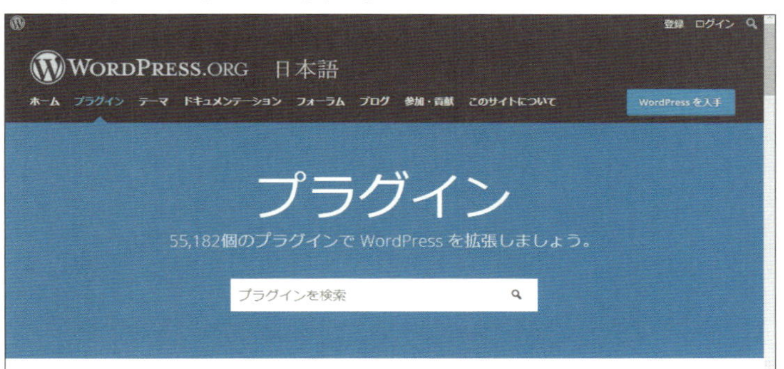

レッスン
40 プラグインを使えるようにしよう
プラグインの有効化

有効化しないと使えない

プラグインはダウンロードするだけでは使えず、有効化をする必要があります。プラグインの有効化は管理画面の［プラグイン］から簡単に行えます。適切にプラグインを有効化して、機能性の高いホームページを制作していきましょう。このレッスンでは、「Hello Dolly」のプラグインを有効化する方法を紹介します。なお、プラグインを使うには有効化が必要ですが、有効化した後に設定をしないと利用できない場合もあります。［Hello Dolly］は有効化するだけですぐにホームページで利用できます。

プラグインを有効化すると利用できるようになる

Hint!

「Hello Dolly」って何？

アメリカのミュージシャン、ルイ・アームストロングの「Hello Dolly」という歌の歌詞の一部を、ランダムに管理画面の右上に表示するプラグインです。歌詞は管理画面だけに表示されるので、有効化してもホームページの見た目は何も変化しません。ホームページに与える効果は少ないですが、プログラマーが自分でプラグインを開発するためのサンプルプログラムとして初めに入っているプラグインとなります。

1 インストール済みのプラグインを表示する

ここでは初期状態でインストールされている「Hello Dolly」を有効化していく

インストール済みのプラグインを一覧表示する

1 ［プラグイン］にマウスポインターを合わせる

2 ［インストール済みプラグイン］をクリック

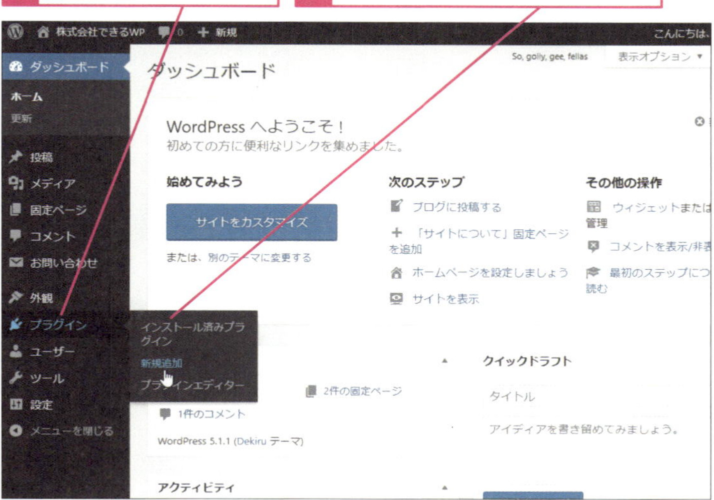

次のページに続く

2 プラグインを有効化する

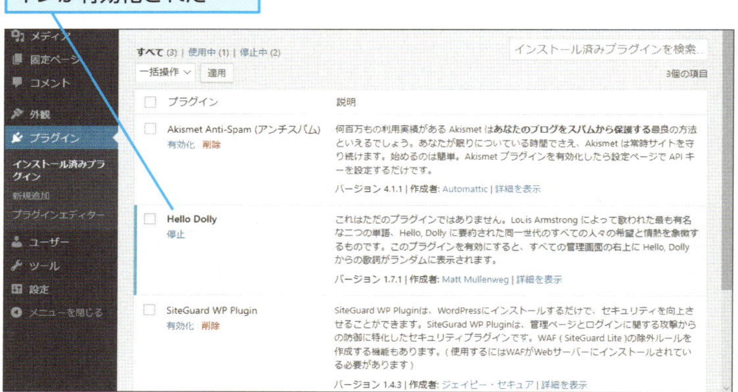

第7章 ホームページの機能を充実させよう

Hint!

プラグインを削除するには

プラグインを削除するには、プラグインの一覧画面から、削除したいプラグインを選択し、[削除] をクリックします。プラグインをたくさん入れていると、WordPressの処理が重くなることもあるので、使用しないプラグインは削除しておきましょう。

Hint!

有効化済みのプラグインを削除するには

有効化済みのプラグインは、停止してから削除します。[インストール済みプラグイン] の一覧画面から削除したいプラグインを選択し、[停止] をクリックしましょう。停止すると [削除] のメニューが表示されますので、クリックして削除します。

レッスン 41

メールフォームを設置しよう

Contact Form 7

メールフォームの設置も簡単

今までのレッスンでは、プラグインの役割や有効化する方法などを紹介しました。このレッスンからは、企業や店舗のホームページ作成には欠かせない便利なプラグインをピックアップして紹介します。下の画面のような問い合わせページを見たことはないでしょうか？　このレッスンでは、「Contact Form 7」というプラグインを使って、制作しているホームページにメールフォームを設置する方法を紹介します。メールフォームというのは、企業やお店のページなどであれば、ページを訪問した方がその企業やお店に対して不明なことや聞きたいことなどを問い合わせできるフォームのことです。WordPressでは、プラグインを利用して簡単に制作できます。

ホームページにメールフォームを設置できる

1 Contact Form 7をインストールする

ここでは「Contact Form 7」というプラグインをインストールして有効化していく

2 Contact Form 7を有効化する

次のページに続く

3 メールフォームを新規作成する

追加された機能を利用してメールフォームを新規作成していく

1 ［お問い合わせ］にマウスポインターを合わせる

2 ［新規追加］をクリック

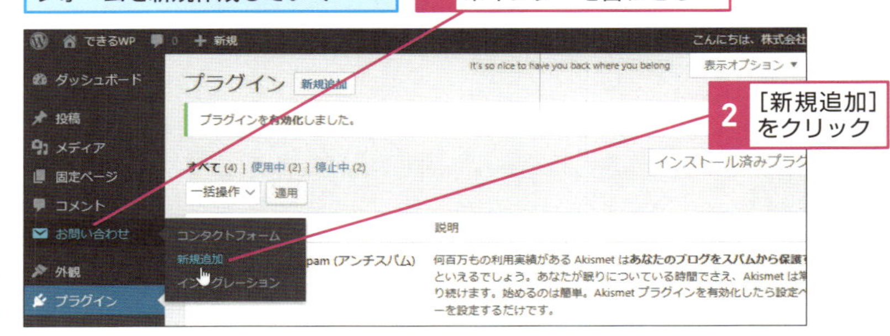

4 メールフォームを編集する

フォームの編集画面が表示された

1 ここにタイトルを入力

2 ［メール］をクリック

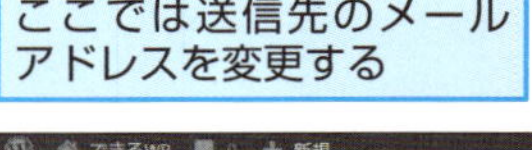

ここでは送信先のメールアドレスを変更する

3 ここに送信先に設定するメールアドレスを入力

4 ［保存］をクリック

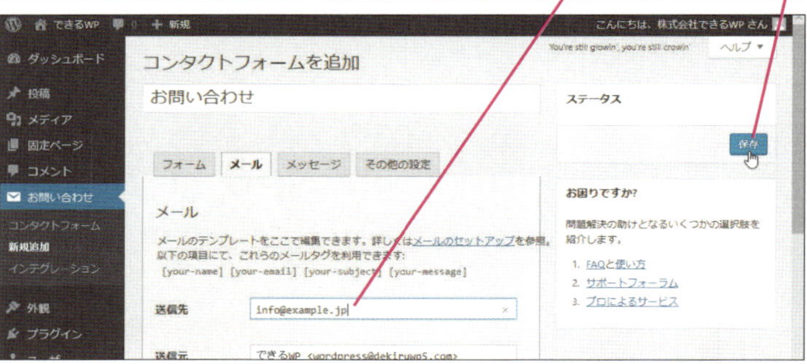

Hint!

ショートコードとは

ショートコードとは、呼び出しに用いるコードのことで、1行程度の短い文字列で表現されることが多いです。このレッスンのメールフォームの例でいうと、「ユーザーが入力したメッセージが、指定のメールアドレスに届くまでの一連の動作」をプラグインに紐づいた特定のショートコード1行で実現できます。

5 メールフォームを一覧表示する

作成したメールフォームが保存された

メールフォームを一覧で表示する

1 ［コンタクトフォーム］をクリック

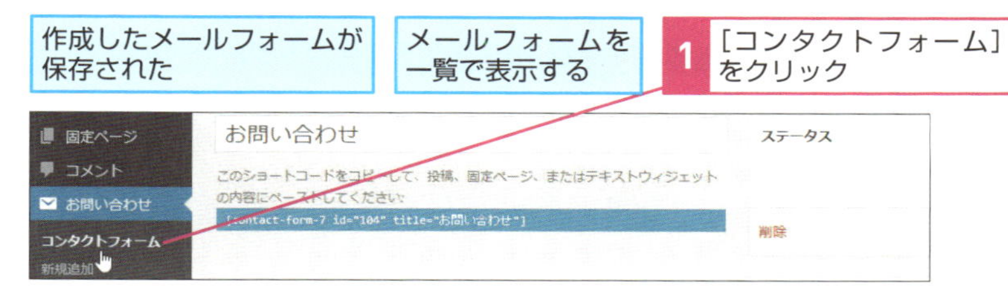

6 ショートコードをコピーする

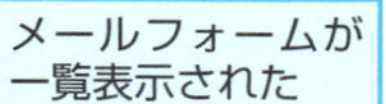

メールフォームが一覧表示された

ショートコードをコピーする

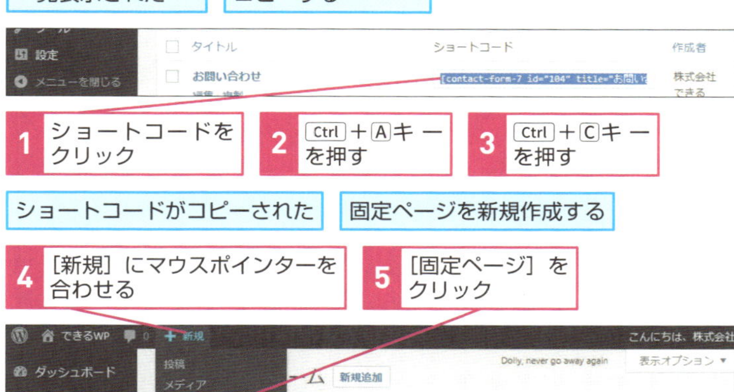

1 ショートコードをクリック

2 Ctrl＋Aキーを押す

3 Ctrl＋Cキーを押す

ショートコードがコピーされた

固定ページを新規作成する

4 ［新規］にマウスポインターを合わせる

5 ［固定ページ］をクリック

次のページに続く

7 固定ページを新規作成する

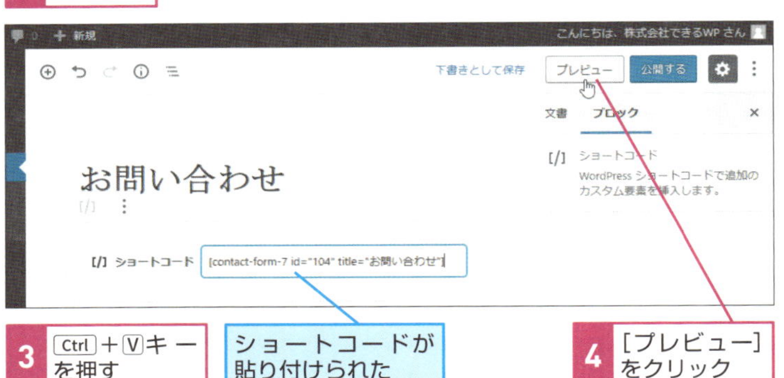

8 プレビューが表示された

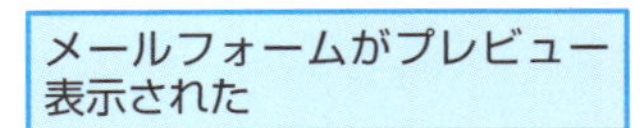

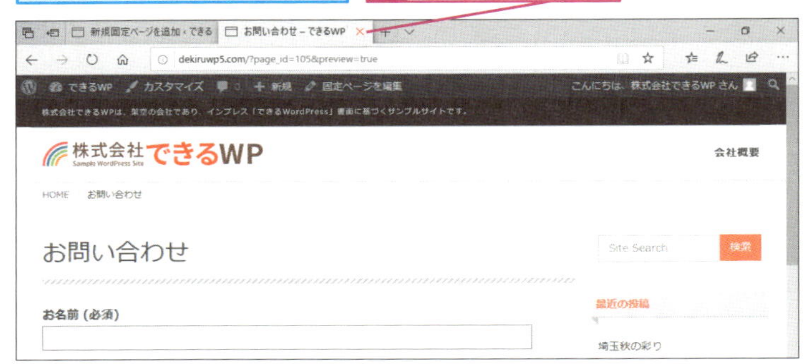

9 パーマリンクを編集する

公開する前にパーマリンクを編集する

10 固定ページを公開する

パーマリンクが編集された

固定ページを公開する

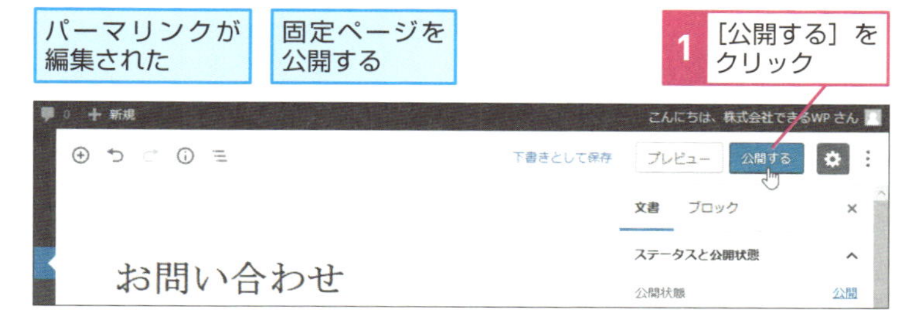

レッスン
42
ナビゲーションの基本を知ろう
ナビゲーション

ナビゲーションはホームページの目次

ナビゲーションとは、ホームページの訪問者が目当てのページに迷わずたどり着くための案内表示で、いわばホームページの目次です。どんなにいいページを作っても、たどり着くまでの道案内がなければ、訪問者は途中であきらめて離脱してしまいます。このレッスンでは、ホームページの利便性を高めるため、ホームページにグローバルナビゲーション（メインメニュー）を設置していきます。ナビゲーション設置の際は、訪問者が迷わないような適切な位置・項目に設置することや、できるだけ少ないクリックで目的の情報を見つけられるような構成を意識しましょう。またテーマの種類にもよりますが、メニュー数が多いとグローバルナビゲーションが2列になることがあります。メニュー数が多い場合は階層をうまく利用すると情報が整理されたホームページになります。

ナビゲーションでホームページの利便性を高めよう

ナビゲーションの種類を知ろう

ナビゲーションには、「グローバルナビゲーション」「ローカルナビゲーション」「パンくずリスト」などの種類があります。
グローバルナビゲーションは、ホームページ内のすべてのページに共通して設置され、主要なコンテンツに誘導するためのナビゲーションとなります。これに対して、ローカルナビゲーションは各コンテンツの中を誘導するためのナビゲーションです。グローバルナビゲーションを「目次」と捉えるならば、ローカルナビゲーションは「見出し」と考えられます。
またパンくずリストとは、訪問者が今ホームページ内のどの位置にいるのかを示すナビゲーションで、いわば足跡のようなものです。階層が深いホームページでは訪問者が迷子になりやすいので有用ですが、階層が浅いホームページには過剰な機能ともなりかねないので、設置の際は見極めが必要です。

●グローバルナビゲーション

グローバルナビゲーションでホームページ内の
主要なコンテンツへの入り口を設置する

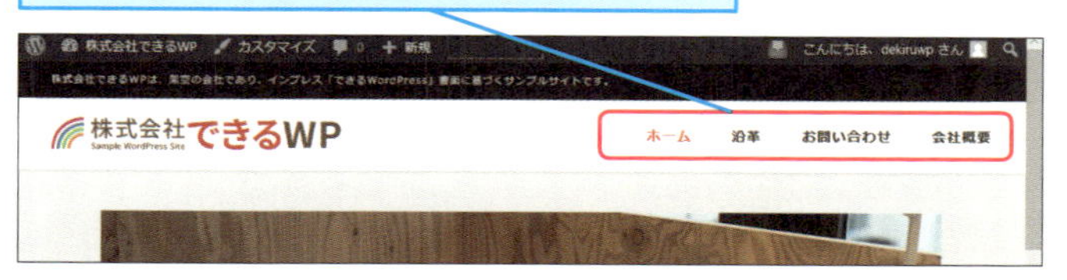

●パンくずリスト

パンくずリストでホームページの階層の中で
現在どこにいるのかを示す

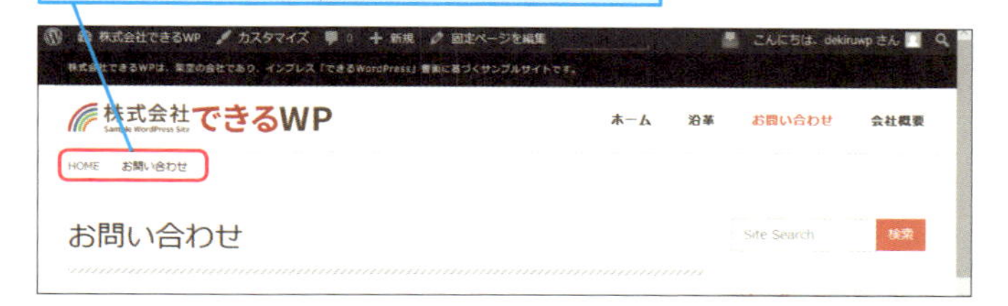

レッスン
43

メニューを作成するには

メニュー

目的のページにたどり着けるようにメニューを作成しよう

ここでは、[メニュー] の機能でグローバルナビゲーション(メインメニュー)を作成する方法を6ページに渡り順を追って説明します。難しいプログラムコードは一切不要です。チェックボックスのチェックとドラッグアンドドロップのみで、メニューへの追加と順番の並び替えができます。固定ページ・投稿・カテゴリーなどで、メニューに追加したいページや項目があれば、あらかじめ作成しておくといいでしょう。また、メニューから外部サイトにリンクさせることも可能なので、必要であればURLも用意しておくとスムーズに設定できます。訪問者が少ないスクロールで目的の情報にたどり着けるよう、1ページにコンテンツを詰め込み過ぎずにメニューを分けるといいでしょう。

1 メニューの作成画面を表示する

ここではトップメニューを新規作成していく

1 [外観] にマウスポインターを合わせる

2 [メニュー] をクリック

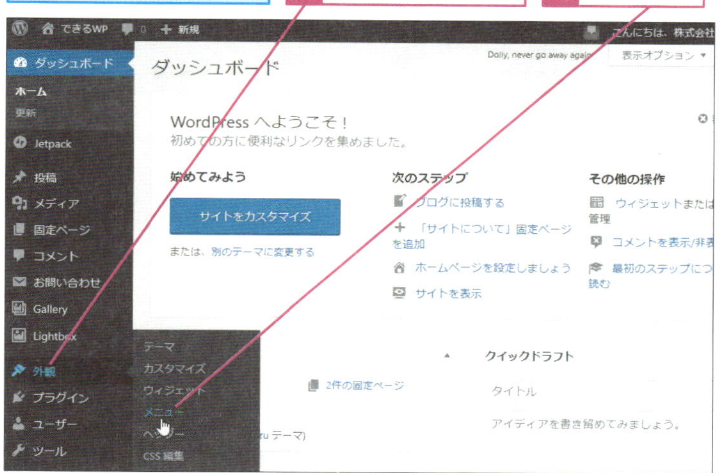

2 メニュー名を付ける

メニューの画面が表示された

1 [メニュー名] のここにメニュー名を入力

2 [メニューを作成] をクリック

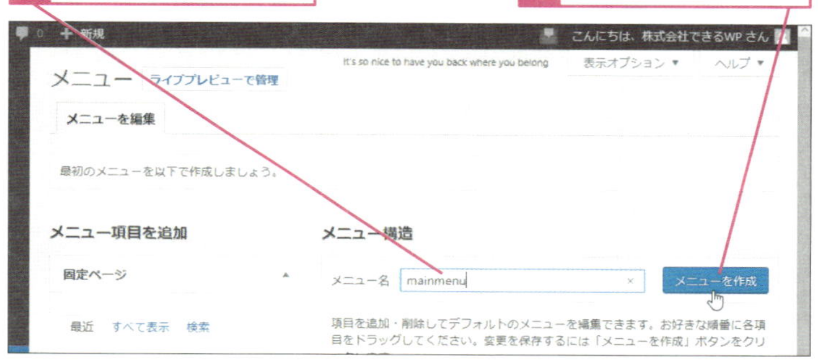

次のページに続く

3 固定ページをメニューに追加する

レッスン42を参考に、固定ページを追加しておく

メニューが新規作成された

固定ページをすべて表示する

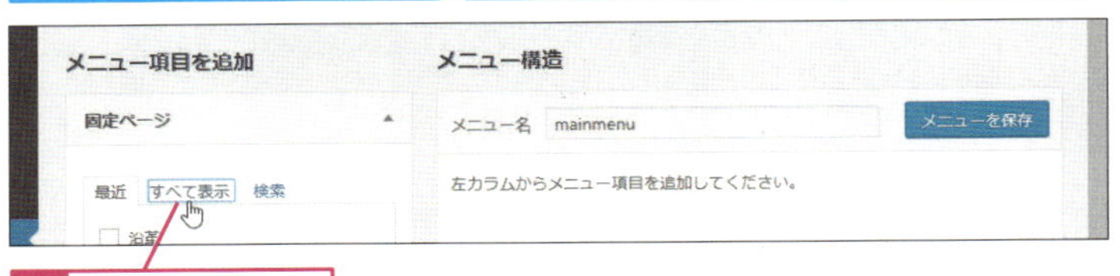

1 ［すべて表示］をクリック

固定ページがすべて表示された

メニューに追加していく

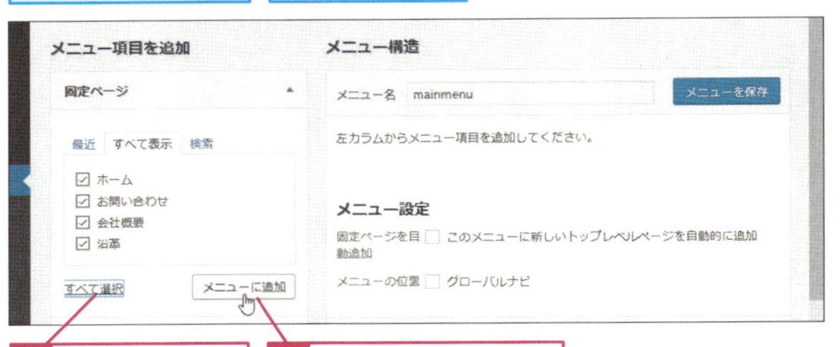

2 ［すべて選択］をクリック

3 ［メニューに追加］をクリック

固定ページがメニューに追加された

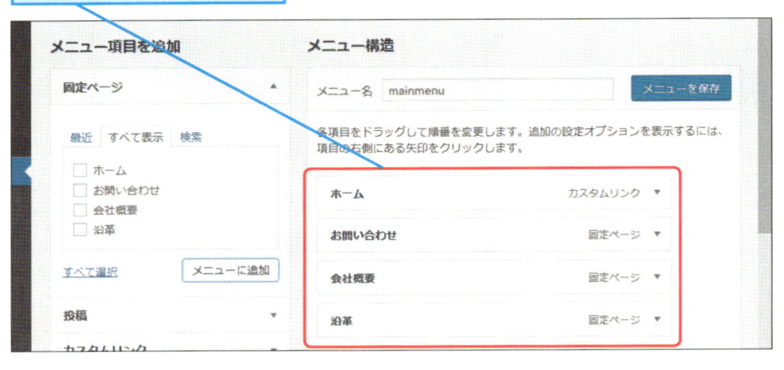

4 メニューの順番を変更する

メニューに追加した項目を入れ替える

ここでは［沿革］の項目を［ホーム］の下に移動する

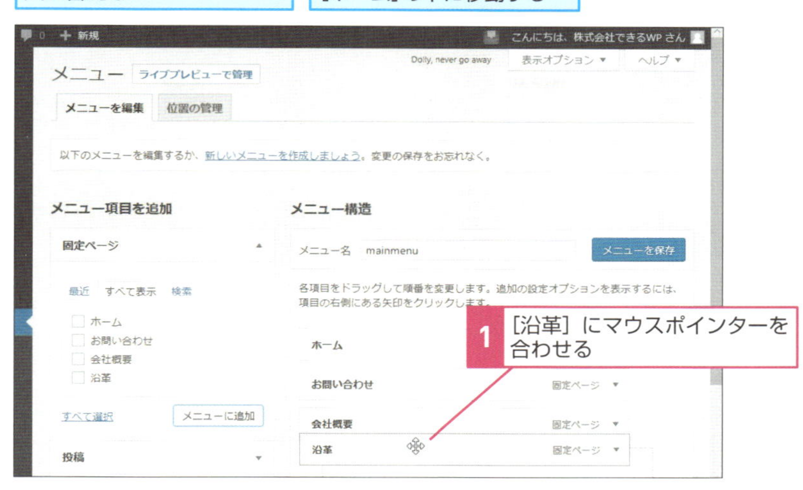

5 メニューを移動する

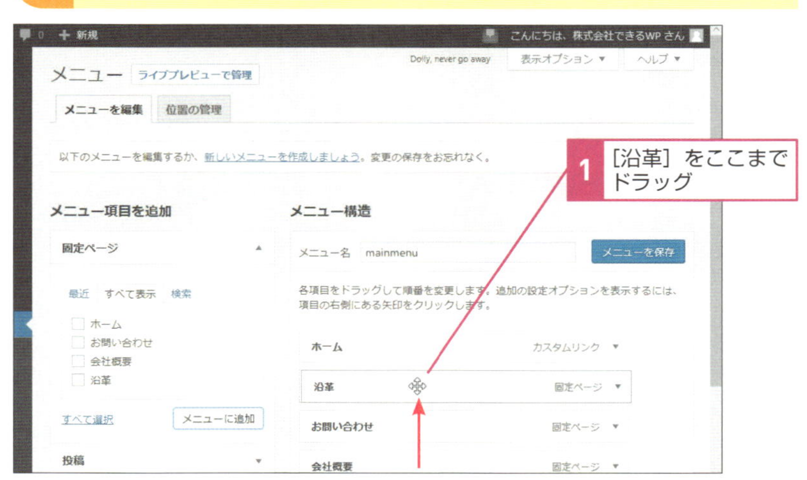

次のページに続く

6 メニューの位置を設定する

1 ここを下にドラッグしてスクロール

2 [グローバルナビ] をクリックしてチェックマークを付ける

7 メニューを保存する

メニューの順番を変更できた

メニューの変更を保存する

1 [メニューを保存] をクリック

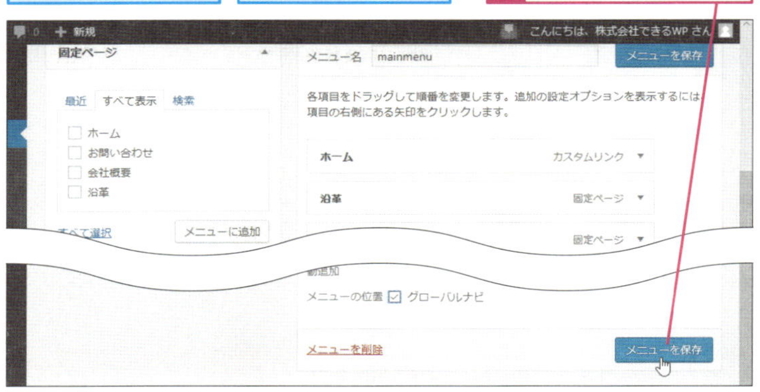

8 メニューの表示を確認する

メニューが保存された

メニューの表示を確認する

1 画面左上のホームページ名をクリック

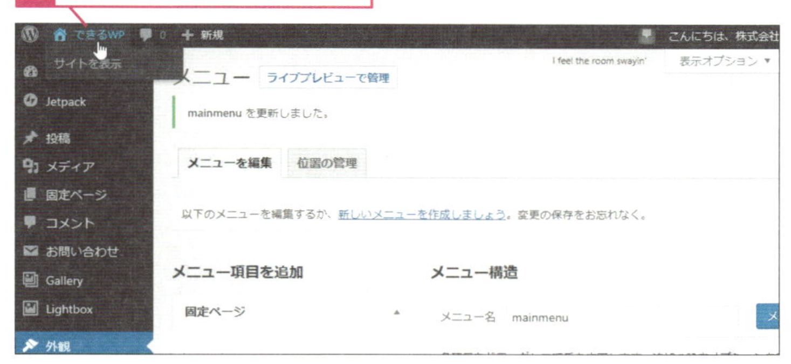

9 メニューが表示された

表示が切り替わった

メニューが画面に表示された

レッスン 44

ウィジェットの基本を知ろう

ウィジェット

サイドバーを小さな部品でカスタマイズ

ウィジェットとは、組み合わせられるパーツのようなもので、はめ込むと、特定の位置で特定の機能が使えるようになります。テーマには標準でいくつかのパーツが備わっているので、好きなものを選んで項目を追加でき、表示する順番も入れ替え可能です。SNSのタイムラインやGoogleマップなどの地図を埋め込むこともできます。ウィジェットの数は訪問者の使いやすさなども考え、必要なものを挿入しましょう。

さまざまなウィジェットを知ろう

ウィジェットにはさまざまな種類があります。ここでは代表的なものを以下の表で紹介します。

名前	機能
アーカイブ	一定期間別に投稿を分けて表示する
最近の投稿	直近の投稿を一定の上限数までリスト形式で表示する
カテゴリー	投稿のカテゴリーや各カテゴリーの投稿数を表示する
カレンダー	投稿のあった日付をアーカイブページへのリンクにする
タグクラウド	タグを一覧で表示する
テキスト	任意のテキストを記入する
RSS	外部サイトの新着情報を表示する
メタ情報	RSS フィードの表示やログイン画面への誘導を行う

Hint!

ウィジェットはどこに設置できるの？

どのテーマを使用するかにもよりますが、右もしくは左のサイドバーやフッター（メイン部分の下の領域）に設置できる場合が多いです。ウィジェットエリアには、標準で備わっているパーツのほかに、写真素材や描画ソフトで作ったバナーを入れてもいいですし、会社や店舗のホームページであれば簡単な紹介文やアクセスマップを入れるといいでしょう。

レッスン 45

ウィジェットを追加するには

ウィジェットの追加

ウィジェットを整理して表示しよう

このレッスンでは、ウィジェットをはずしたり追加したりする方法について解説を行います。各ウィジェットは上下左右のドラッグアンドドロップでカスタマイズができるので、特別な知識は必要ありません。追加したウィジェットの順番とホームページ上で見るウィジェットエリアの並び順は基本的に同様になります。

サイドバーにウィジェットを追加する

1 ウィジェットの編集画面を表示する

ウィジェットの編集画面を表示する

1 ［外観］にマウスポインターを合わせる

2 ［ウィジェット］をクリック

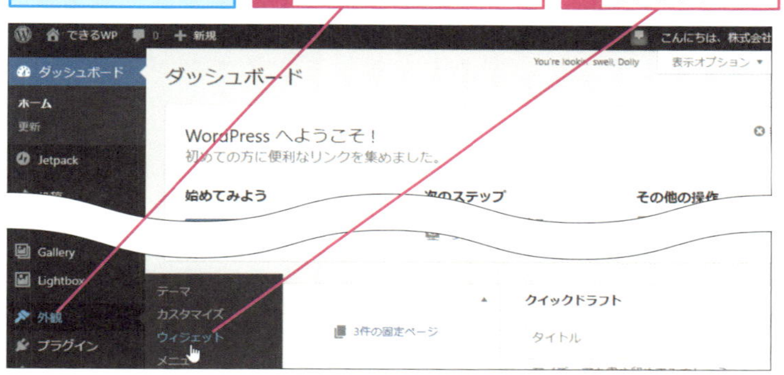

2 ウィジェットを無効化する

ウィジェットの編集画面が表示された

ここでは、最初からサイドバーに登録されているウィジェットを無効化していく

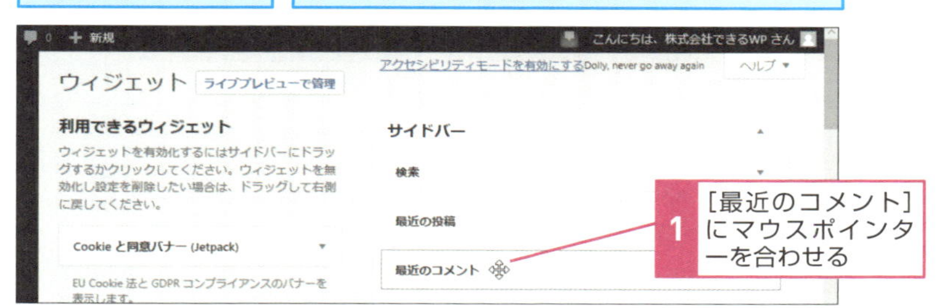

1 ［最近のコメント］にマウスポインターを合わせる

2 ［最近のコメント］を画面の左側までドラッグ

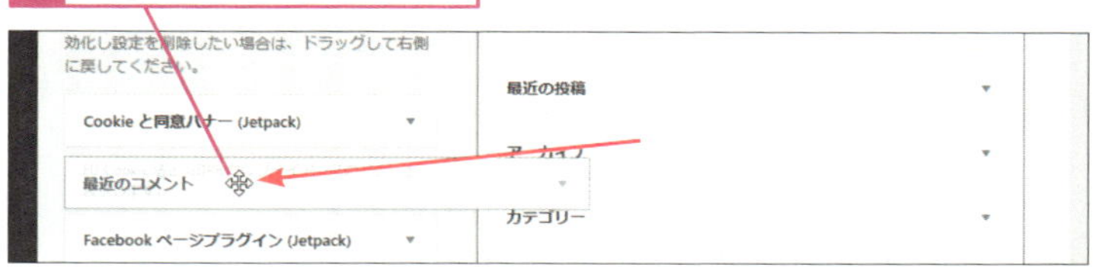

次のページに続く

3 続けてウィジェットを無効化する

1 [メタ情報]を画面の左側までドラッグ

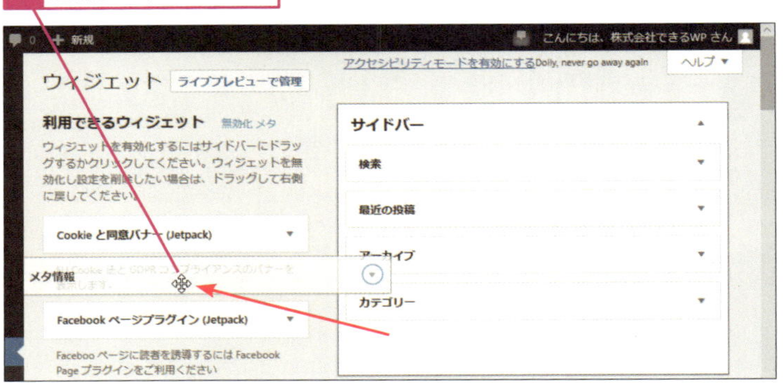

4 ウィジェットを有効化する

続けてウィジェットを新規に有効化する

1 [Facebookページプラグイン(Jetpack)]をクリック

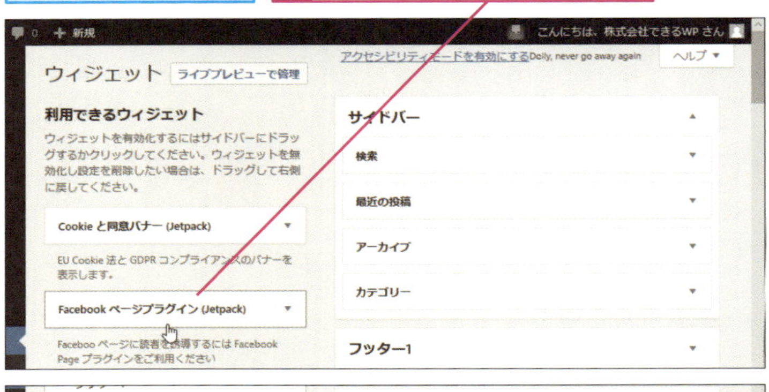

2 [ウィジェットを追加]をクリック

5 ウィジェットの設定を変更する

ウィジェットの設定を変更する

1 ここにタイトルを入力

2 ここにURLを入力

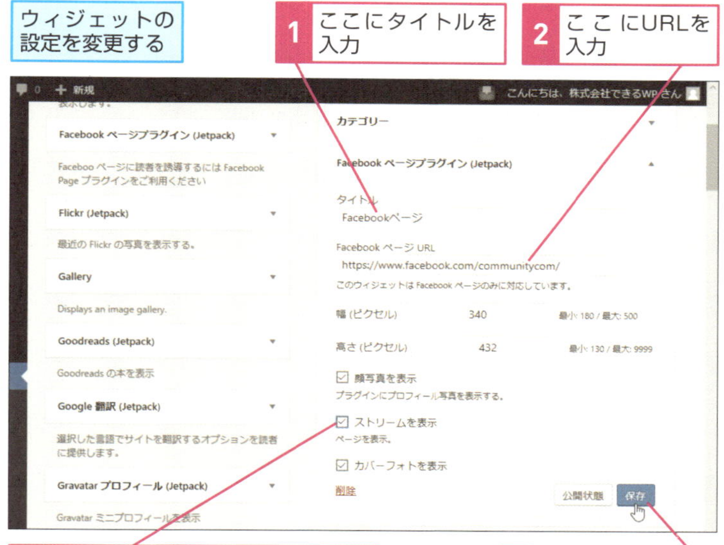

3 ［ストリームを表示］をクリックしてチェックマークを付ける

4 ［保存］をクリック

6 ウィジェットの表示を確認する

ウィジェットの設定を変更できた

ウィジェットの表示を確認する

1 画面左上のホームページ名をクリック

ウィジェットの表示を確認しておく

レッスン
46 地図を追加しよう

Googleマップ

Googleマップで所在地を確認できる

会社やお店などのホームページには、必ずといってよいほどアクセス方法のページが用意されており、周辺情報を含めた所在地を示す地図が掲載されていることが多いです。ホームページ上で使用できる地図サービスはいくつかあり、その中の1つとしてGoogleマップが挙げられます。Googleマップは所在地のみならず、訪問者の現在地から目的地までの経路や、ユーザーの口コミ等もあわせて表示する機能があるため、読者の方々も日常的に使用されているのではないでしょうか。Googleマップをホームページ上に表示させる方法として、[地図を埋め込む] をクリックし、生成されたiframeタグをホームページ上のHTMLタグが使える好きな場所に貼付します。登録済みの店や会社は名称で検索も可能です。

フッターにGoogleマップを挿入する

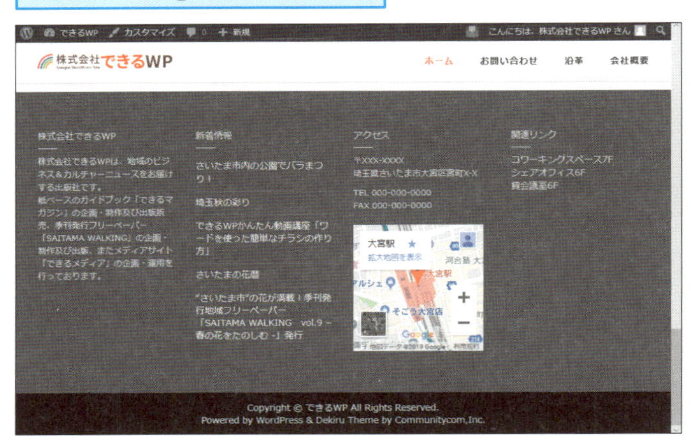

1 Googleマップで地図を表示する

Googleマップを開いて、挿入する地図の住所を検索しておく

1 ［共有］をクリック

▼Googleマップ
https://www.google.com/maps/

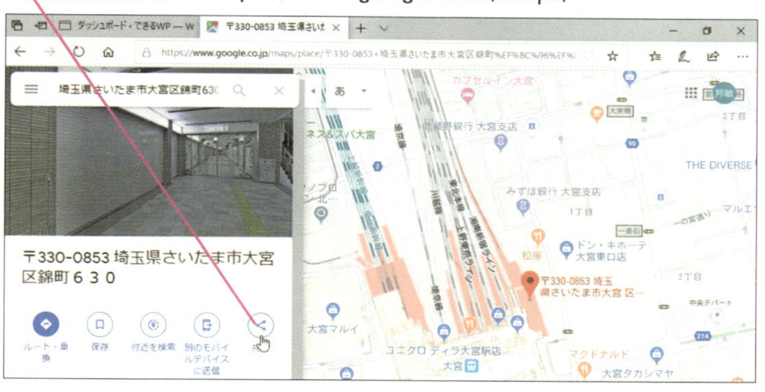

2 共有方法を選択する

ここでは、地図を埋め込む

1 ［地図を埋め込む］をクリック

次のページに続く

Hint!

iframeの貼り付けで地図を追加できる

[共有] - [地図を埋め込む] をクリックすると、自動的にiframeタグが生成されますので、ホームページ上の好きな場所（HTMLタグが認識される場所）に貼り付けてください。
登録されているお店や会社であれば、住所ではなく名称で検索もできます。iframeタグの生成手順は同様です。

3 地図のサイズを調整する

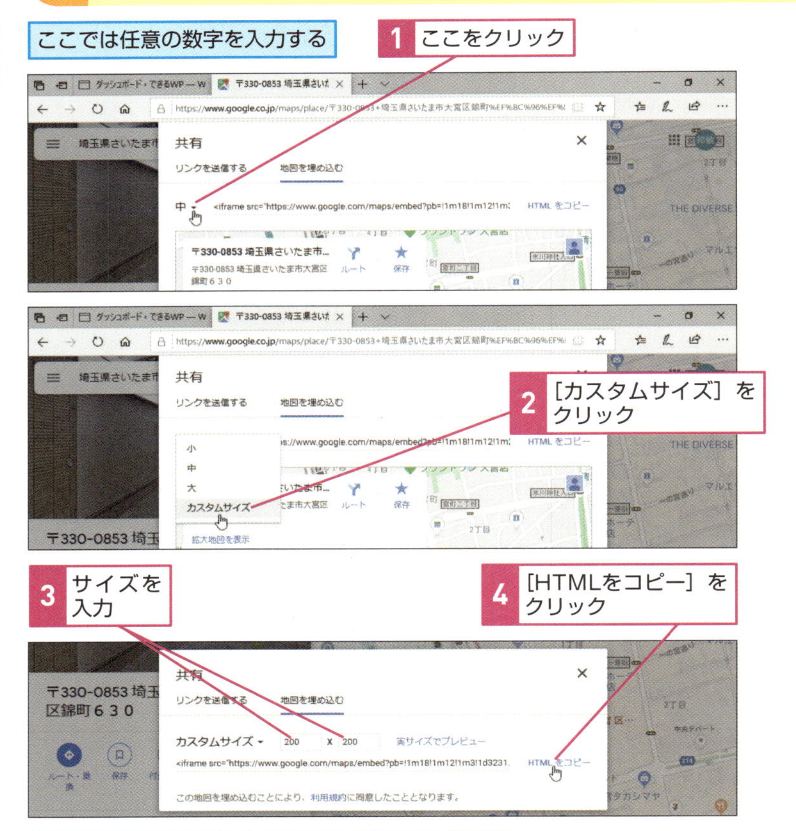

コピーしたタグは、メモ帳などに貼り付けておく

Hint!

好きなサイズで設定するには

好きなサイズで設定するには［カスタムサイズ］に変更の上、px単位で任意の数字を指定します。ホームページ側で幅や高さの制限がある場合は、iframeタグの生成の際に指定した数字よりも小さく表示される場合があります。違和感を感じたら［実サイズでプレビュー］で表示の上、照らし合わせてみると良いでしょう。

Googleマップの特徴は

GoogleマップはGoogleが提供している地図サービスです。画像をクリックし、通りや建物などの画像を確認しながら地図上のランドマークを確認できる「ストリートビュー」という機能が特徴的です。

4 フッターに文章を追加する

レッスン45を参考に、ウィジェットの画面を表示しておく

1 ［テキスト］をクリック

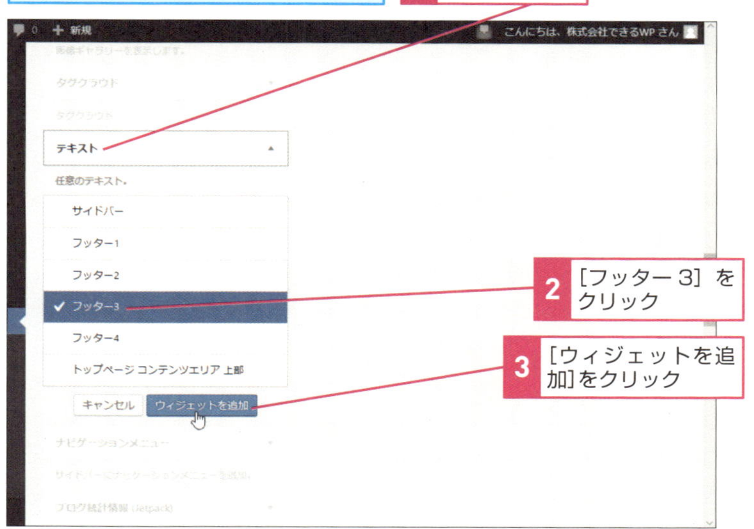

2 ［フッター 3］をクリック

3 ［ウィジェットを追加］をクリック

次のページに続く

5 文章を入力する

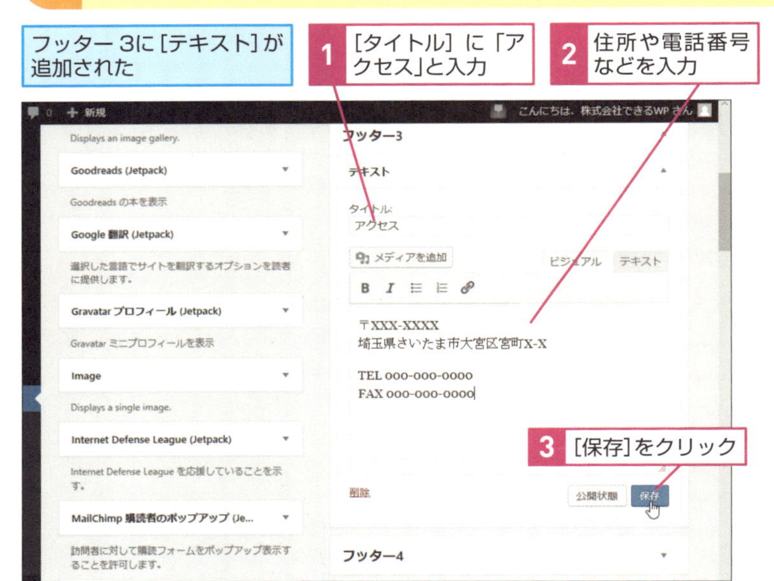

Hint! フッターの配置を設定するには

本書で使用しているDekiruテーマのフッターのカラム数は4カラムで、1番左のフッターが［フッター 1］にあたります。Googleマップの出力位置を変更する場合は、iframeタグが貼り付けられた［テキスト］にマウスポインターを合わせ、［フッター 1］から別のところにドラッグして移動させます。

6 地図を埋め込む

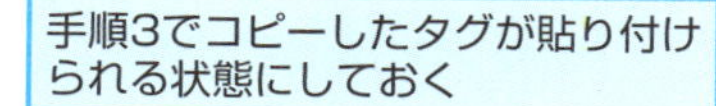

手順3でコピーしたタグが貼り付けられる状態にしておく

1 ［カスタムHTML］をクリック

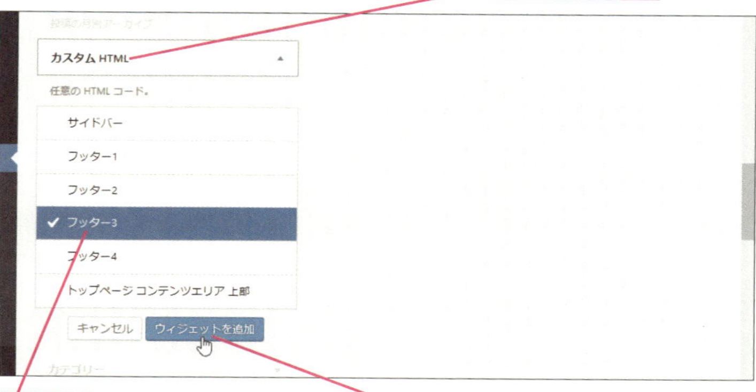

2 ［フッター 3］をクリック

3 ［ウィジェットを追加］をクリック

4 タグを貼り付ける

5 ［保存］をクリック

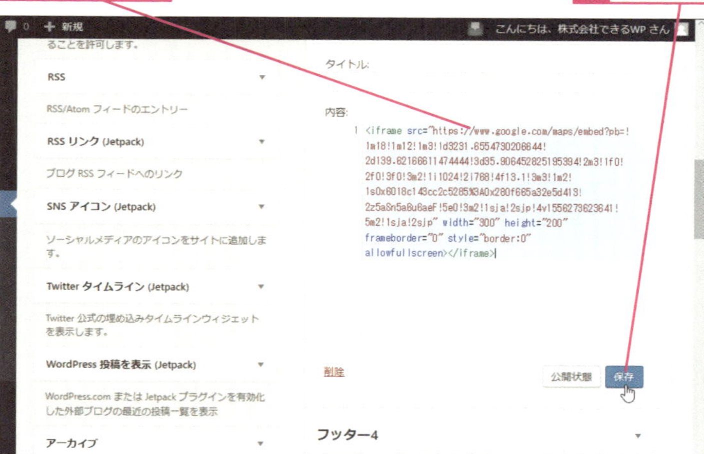

フッターに地図が挿入される

レッスン 47

SEOの基本を理解しよう

SEO

SEOって何だろう

SEOとは検索結果で自分のホームページを上位に表示させるために行う取り組みで、大きく分けて「内部施策」と「外部施策」の2つがあります。

内部施策は、質の高い内容を作り、それを検索エンジンに正確に伝えるためにホームページ内を最適化することです。情報を整理して構造化する、記事に適切な見出しを付ける、適度な頻度で更新する作業などを指します。

外部施策は外部からのリンクを増やすことや、ソーシャルメディア、関連性の高いホームページとのつながりを強化することです。検索エンジンでホームページを上位に表示するためには、検索エンジンに合った施策を行う必要がありますが、表示順位を決めるアルゴリズムは開示されておらず、試行錯誤が必要です。すぐに結果がでなくても自分たちで無理なくできるところから、コツコツ取り組んでいきましょう。ホームページを上位に表示させる目的でコピーホームページを大量に作ったり、リンクを大量に貼ったりする行為（被リンクの購入や無差別な相互リンクなど）は禁止されています。禁止行為を行ったことが判明すると、順位が落ちたり検索結果に表示されなくなったりする場合があります。

内部施策

・情報の構造化
・適切な見出し付け
・定期的な更新

外部施策

・被リンク数を増やす
・SNSとの連携
・広告の出稿

1 Googleサーチコンソールにプロパティを追加する

▼Googleサーチコンソールのホームページ
https://search.google.com/searchconsole/about

Googleサーチコンソールのホームページを表示しておく

1 ［今すぐ開始］をクリック

Googleアカウントでサインインしておく

Google Search Console

今すぐ開始

example.com

https://dekiruwp5.com

URLを入力

続行

2 ここにホームページのURLを入力

3 ［続行］をクリック

2 ホームページに埋め込むメタタグを表示する

ホームページの情報を取得できるようにするには、ホームページのHTMLの一部に「メタタグ」という文字列を追加する必要がある

メタタグが表示された

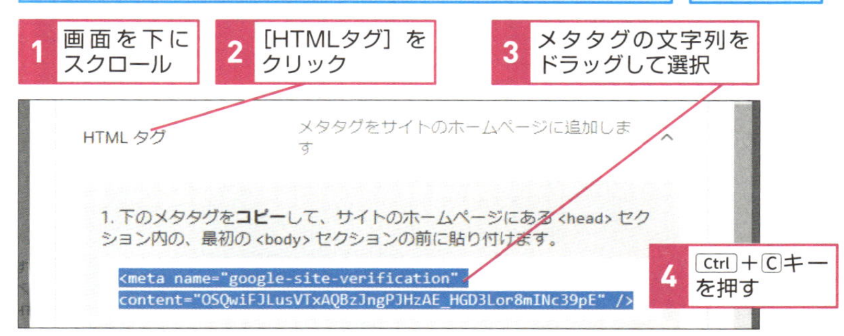

次のページに続く

3 テーマヘッダーにメタタグを追加する

Googleサーチコンソールのホームページはそのままにしておき、新しいタブでWordPressの管理画面を表示しておく

[注意！]という画面が表示されるので、[理解しました]をクリックしておく

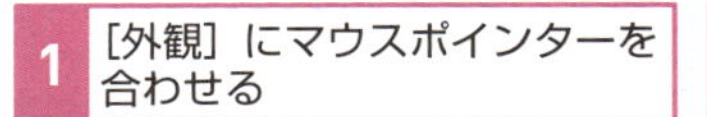

1 [外観] にマウスポインターを合わせる

2 [テーマエディター] をクリック

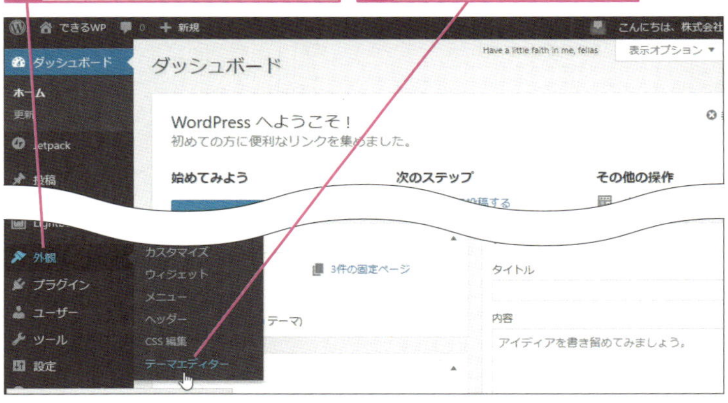


```
10 Text Domain: dekiru
11 */
12 body,
13 h1,
14 h2,
15 h3,
16 h4,
17 p,
18 div {
```

ホームページ (front-page.php)
テーマヘッダー (header.php)
p-admin/theme-editor.php?file=header.php&theme=dekiru

3 [テーマヘッダー] をクリック

[テーマヘッダー] の編集画面の「<head>～</head>」の間にメタタグを追加する

4 Ctrl＋Vキーを押す

```
10 $options = get_option('dekiru_theme_options');
11 ?>
12 <!DOCTYPE html>
13 <html <?php language_attributes();?>>
14
15 <head>
16   <meta charset="<?php bloginfo('charset');?>">
17   <meta name="viewport" content="width=device-width, initial-scale=1">
18   <?php wp_head();?>
19     <meta name="google-site-verification"
content="OSQwiFJLusVTxAQBzJngPJHzAE_HGD3Lor8mINc39pE" />
20 </head>
```

アーカイブ (archive.php)
コメント (comments.php)
ホームページ (front-page.php)
テーマヘッダー (header.php)
解説: 関数名... 調べる
ファイルを更新

メタタグが追加された

第7章 ホームページの機能を充実させよう

4 テーマヘッダーの変更を保存する

1 ［ファイルを更新］を クリック

5 Googleサーチコンソールの画面でメタタグを確認する

タブを切り替えてGoogleサーチコンソールのページを表示しておく

テーマヘッダーにメタタグを追加できたので、ここで確認を行う

1. 下のメタタグを**コピー**して、サイトのホームページにある <head> セクション内の、最初の <body> セクションの前に貼り付けます。

```
<meta name="google-site-verification"
content="OSQwiFJLusVTxAQBzJngPJHzAE_HGD3Lor8mINc39pE" />
```

2. 下の **[確認]** をクリックします。

確認状態を維持するために、確認が完了してもメタタグを削除しないでください。

詳細

確認

1 ［確認］をクリック

URLの所有権に関するメッセージが表示された

ホームページのURLをGoogleサーチコンソールに登録できた

所有権を確認しました

確認方法:
HTML タグ

確認状態を維持するために、サイトのホームページからメタタグを削除しないでください。 確認状態を維持するために、**設定 > 所有権の確認** で複数の確認方法を追加することをおすすめします。

完了　プロパティに移動

2 ［完了］をクリック

レッスン 48

スマートフォンからの閲覧に対応しよう

スマートフォン対応

スマートフォン対応の必要性

2018年5月に総務省から発表された「通信利用動向調査」によると、2017年9月末時点でスマートフォンを保有している世帯の割合が75.1%、パソコンを保有している世帯の割合が72.5%と、パソコンよりもスマートフォンを保有している世帯の方が多くなりました。FacebookやTwitterなどのSNSからの流入も増えていることから、ユーザーがスマートフォンでホームページを見ることを想定したサイトデザインの必要性がますます重要視されています。

ホームページをスマートフォン対応にするには、レスポンシブウェブデザインにする方法とスマートフォン専用のホームページを別途作る方法があります。レスポンシブウェブデザインとは、レイアウトを可変にして、アクセスするユーザーの端末に応じて最適なレイアウトで表示させる技術であることを押さえておきましょう。一方、スマートフォン専用のホームページを作る場合、内容を最適化できるのは魅力ですが、制作と更新に手間がかかるのが欠点です。

本書では、レスポンシブウェブデザインに対応したテーマを使う方法と、プラグインを利用し端末別にホームページの表示を変える方法を紹介します。ホームページの表示が遅いと、ユーザーはすぐに離脱してしまいますが、アクセスを高速化し、スマートフォンからでも快適にホームページを閲覧できるようにする技術についても併せて解説します。

ホームページをスマートフォンでの表示に最適化できる

Hint!

スマートフォンとパソコンの違いとは

スマートフォンとパソコンの大きな違いは「画面サイズ」と「回線速度」です。スマートフォン専用のレイアウトがない場合、パソコン用のホームページが縮小表示されます。しかし、パソコンで苦にならなかったリンクのクリック操作がスマートフォンでは難しくなる場合があります。また、モバイル回線の利用によりページ遷移に時間がかかってしまうことからユーザーが離れてしまうことなどがあります。

Hint!

利用端末に応じた見せ方を工夫しよう

レスポンシブウェブデザインに対応したテーマを利用してホームページを作成したり、プラグインを利用してスマートフォンとパソコンで表示内容が変わるようにしただけでは完全にスマートフォン閲覧に最適化したとはいえません。コンテンツの細かな配置などを考慮し、ときにはパソコンとは違うテーマを利用するなど、利用端末に応じた見せ方を工夫するする必要があります。

Google検索経由のアクセスを高速化させる

2015年10月よりGoogleがTwitterと共同で開発を始めたAMP（Accelerated Mobile Pages）に対応することにより、Google検索経由のアクセスを高速化できます。AMPを活用することにより、最大で表示速度が4倍にアップすることから、多くのホームページで導入が進んでいます。

1 ［プラグイン］にマウスポインターを合わせる

2 ［新規追加］をクリック

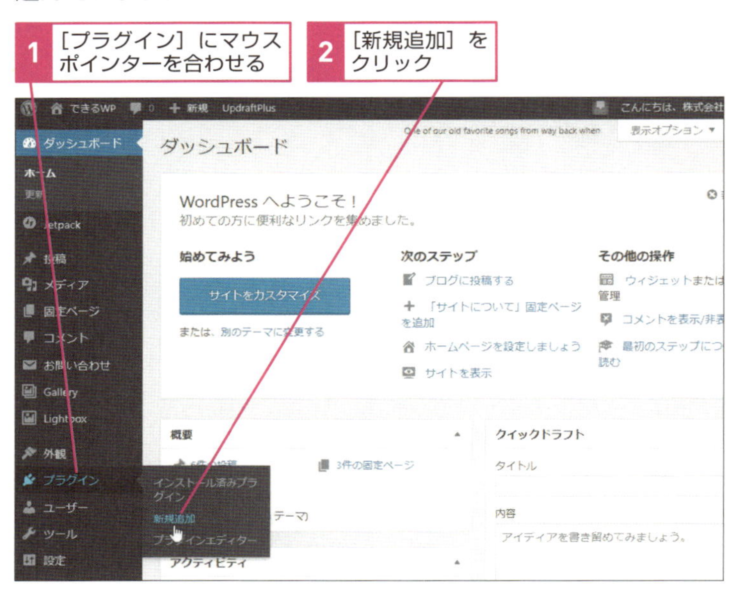

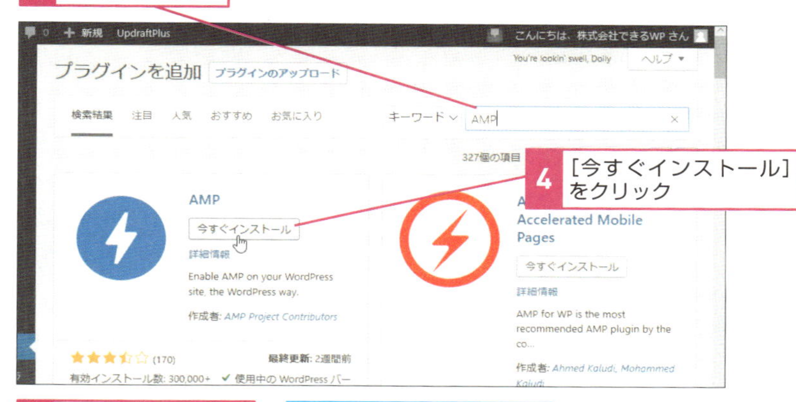

Hint!

AMPの欠点とは

AMPは特定のプラットフォーム上で表示速度を高速化するという魅力がある一方、欠点もあります。コンテンツの表示を高速化して読者が快適にホームページを見られるため、記事本文の表示には適していますが、それ以外の要素は表示が省かれます。例えば、記事本文以外のサイドバーやフッターコンテンツ、第5章で紹介した「関連記事」などは非表示となります。

レッスン 49

端末によって表示が変わるようにするには

ユーザーエージェント

パソコンとスマートフォンを振り分けられる

レスポンシブウェブデザインに対応したテーマを利用すると、パソコンからアクセスしたときはパソコン用のデザインが、スマートフォンからアクセスしたときはスマートフォン用のデザインが割り振られます。レスポンシブウェブデザインで表示される内容に差異はなく、それぞれのコンテンツの配置が変更されます。例えば、レスポンシブウェブデザインに対応したテーマで作成されたホームページの場合、サイドバーとして設置したコンテンツは、スマートフォンからのアクセス時にはページ下部に配置されます。

◆パソコン用のホームページ

Hint!

ユーザーエージェントとは

ユーザーエージェントとは、Webブラウザーなどが持つ情報のことです。ホームページにアクセスするとき、ホームページを見るユーザーが利用しているWebブラウザーやバージョン、OSの情報などがWebサーバーに送られます。Webサーバーは、ユーザーエージェントの情報を基にWebページを表示する処理を行います。パソコンとスマートフォンのどちらのWebブラウザーが使われているかによって、ホームページの表示を変更することができるのです。なお、ユーザーエージェントの情報を基にユーザーが利用しているのがパソコンかスマートフォンかという統計を取ることが可能です。

アクセスのユーザーエージェントに応じて最適なデザインで表示する

◆スマートフォン用のホームページ

次のページに続く

プラグインを活用して表示を変える

パソコンとスマートフォンでの表示を変更するには、プラグインを活用する方法もあります。例えば「Multi Device Switcher」というプラグインを利用することによって、ホームページにアクセスする端末ごとに表示を変えられます。端末の判別を設定できるのでタブレットの利用時にパソコン用のホームページを表示するといった設定もできます。

1 ［プラグイン］にマウスポインターを合わせる

2 ［新規追加］をクリック

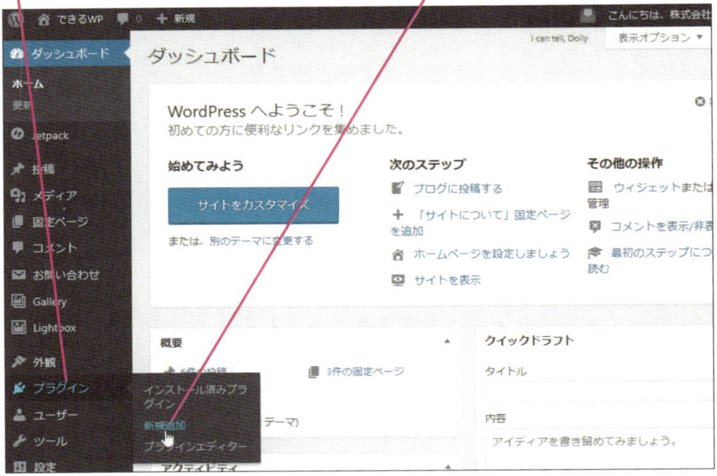

Hint!

パソコン用ページの表示ボタンを設置できる

Multi Device Switcherを利用すると、スマートフォンでホームページを表示したときでもパソコン用のレイアウトに変更するボタンを配置できます。ボタンはホームページの最下部に設置され、ボタン1つでスマートフォン用とパソコン用のレイアウトを切り替えられます。

3 [キーワード] に「Multi Device Switcher」と入力

4 [今すぐインストール] をクリック

5 [有効化] をクリック

プラグインが有効化される

ステップアップ！

プラグインを検索するときには

プラグインを検索するときは、キーワードや作成者、タグなどから絞り込みができます。ただし、プラグイン名の空白が全角か半角かによっても検索結果が異なる場合があります。

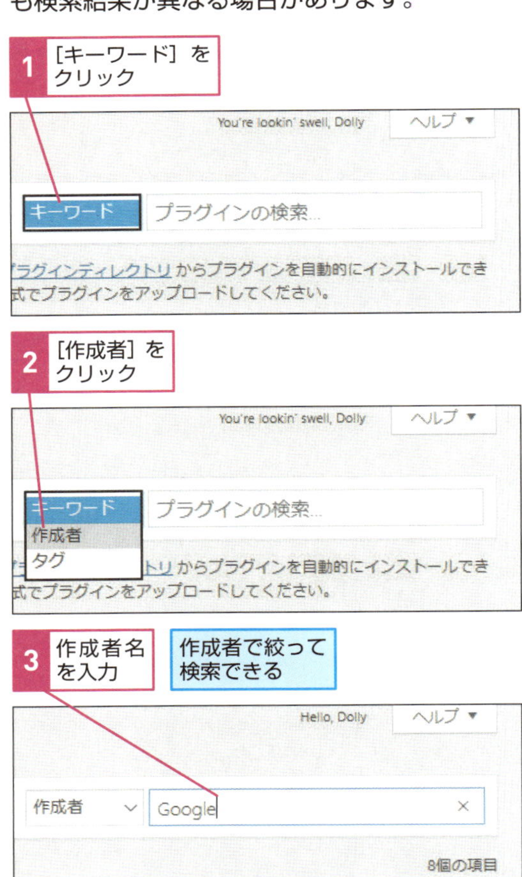

第8章

ホームページの安全性を高めよう

ホームページを運営するには、悪意のあるユーザーからの攻撃からホームページを守らなくてはなりません。また、ホームページを訪れるユーザーの安全性を保つ必要もあります。この章では、プラグインを利用したセキュリティ対策やバックアップ方法、WordPressやテーマ、プラグインの更新方法を解説します。

レッスン
50 セキュリティ対策の基本を知ろう
セキュリティ対策

セキュリティ対策の重要性を知ろう

WordPressは多くの人がホームページを作成する際に利用していますが、オープンソースであることから、悪意のあるユーザーから攻撃の対象になりやすい欠点もあります。攻撃にもさまざまな種類があり、古いバージョンのままのWordPressを対象とした攻撃や簡単なパスワードを破る攻撃などがあります。攻撃を受ける可能性を下げるためにもWordPressやテーマ、プラグインの更新を行い最新の状態を保つと同時に、独自でプラグインなどを利用して対策する必要があります。また、アカウント名やパスワードの適切な設定も必要とされています。

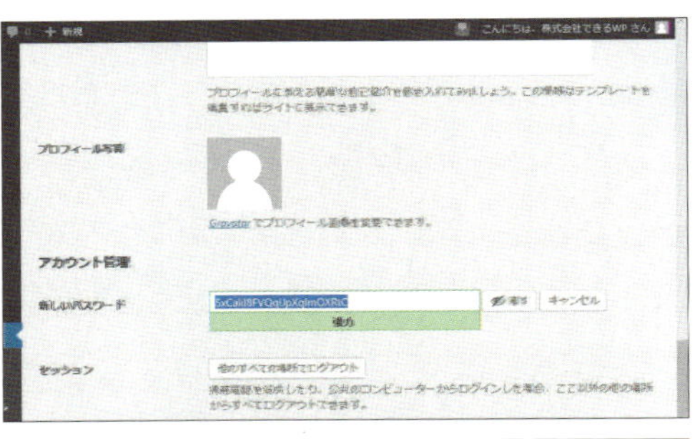

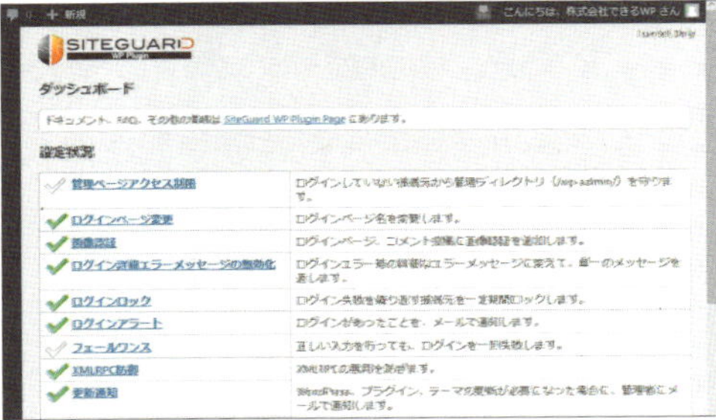

セキュリティプラグインの利用や強力なパスワードの設定などを簡単に実行できる

セキュリティに「絶対」はない

強力なパスワードを設定したり、セキュリティプラグインを有効化したりすることによって対策はできますが、セキュリティに「絶対」はありません。WordPressはオープンソースであり、世界中の誰でもテーマやプラグインを開発できるため、セキュリティ対策は全世界から攻撃される可能性を視野に入れて取り組む必要があります。万が一の事態に備えて、WordPressやテーマ、プラグインの更新はもちろん、パスワードの変更やセキュリティプラグインの活用以外にも、定期的にホームページのバックアップを心がけておく必要があります。

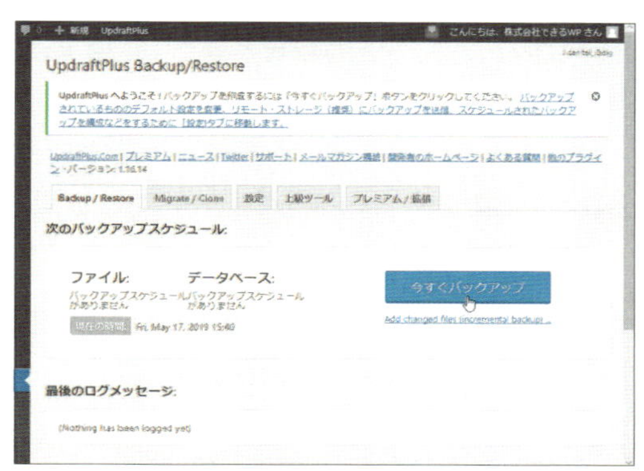

もしもの事態に備えて定期的にホームページのバックアップを取るようにする

レッスン 51

ホームページをバックアップするには

UpdraftPlus

バックアップと復元のできるプラグインを使おう

このレッスンでは、すべての設定が終わり、日々更新を続けるホームページのバックアップ方法を解説します。バックアップ用のプラグインを利用すれば、WordPressで作成したホームページ関連のデータをバックアップし、復元できるようになります。このレッスンで使用する「UpdraftPlus」は、ほぼすべてのファイルを定期的に自動バックアップし、サーバー上に保存することを可能にします。時間をかけて作成したホームページやブログ記事も、WordPressの破損やサーバーの故障、または誤操作などで消えてしまうことがあります。そういうときのために、こまめにバックアップを取ることを心がけましょう。

Before

バックアップの作成と復元が簡単にできる

After

Hint!

有料のプラグインを利用してもいい

WordPressの開発元、Automatticが提供している「Jetpack」というプラグインの機能の1つに「VaultPress」があります。「VaultPress」には「Personal」「Premium」「Professional」の3つのプランが用意されており、それぞれ機能が違います。今回紹介する「UpdraftPlus」ではなく、「VaultPress」のような有料プラグインを利用することもできます。「VaultPress」の場合、バックアップを定期的に自動で行うなど、さらに高度な機能が利用できます。無料でシンプルな機能を利用したい場合は「UpdraftPlus」、有料でも高機能のものを利用したい場合は「VaultPress」など、必要に応じて適切なプラグインを選びましょう。

次のページに続く

バックアップの作成

1 UpdraftPlusを有効化する

ここではバックアップ用のプラグインとして「UpdraftPlus」をインストールして有効化していく

[プラグイン]の[新規追加]をクリックして[プラグインを追加]の画面を表示しておく

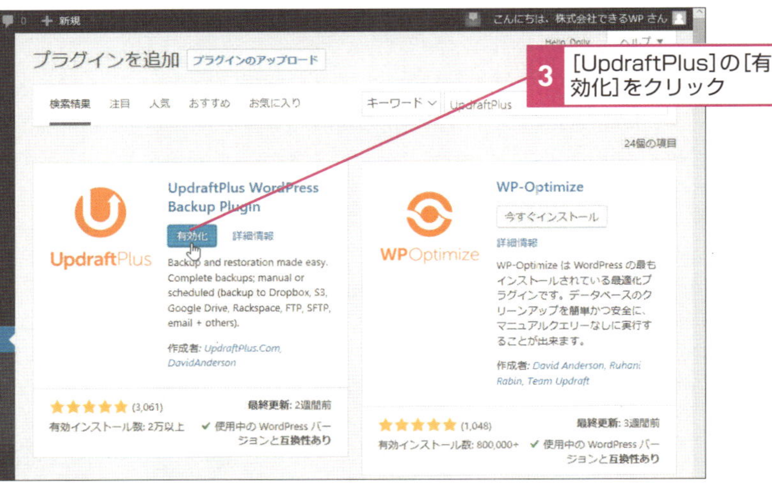

Hint!

バックアップの保存先を設定するには

「UpdraftPlus」では、バックアップファイルの保存先が選べます。FTPやEmailなどのほか、オンラインストレージである「Dropbox」「Amazon S3」「Rackspace Cloud Files」「Google Drive」「S3-Compatible」「OpenStack」「DreamObject」も利用できます。オンラインストレージは無料の枠もありますので、自分のホームページのデータ量にあう保存先を選びましょう。保存先はUpdraftPlusの管理画面から選択できます。

1 [設定]をクリック

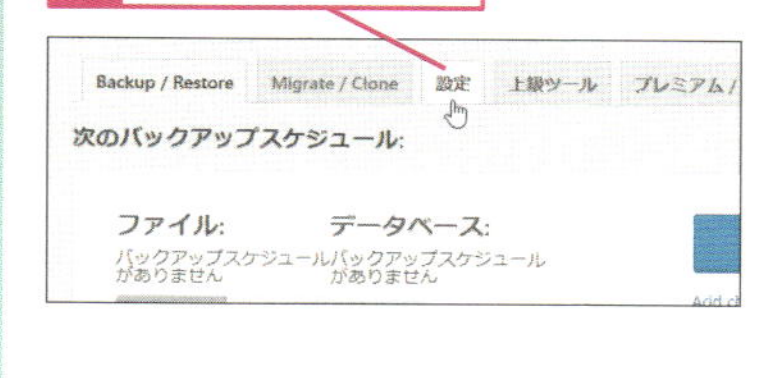

[保存先を選択] の一覧から保存先を選択できる

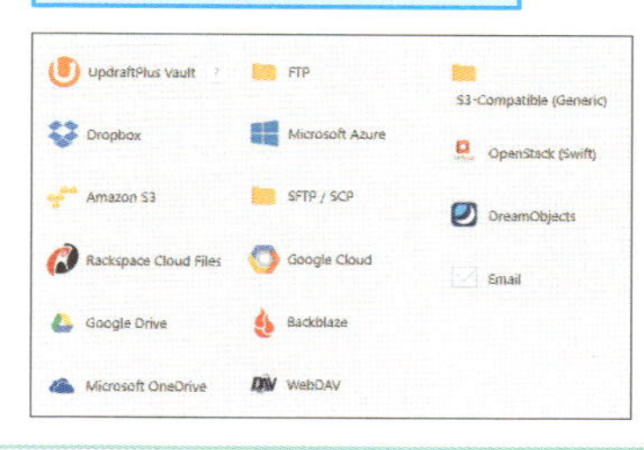

2 バックアップの設定画面を表示する

UpdraftPlusが有効化された

UpdraftPlusのバックアップ画面を表示する

1 [設定] にマウスポインターを合わせる

2 [UpdraftPlus Backups] をクリック

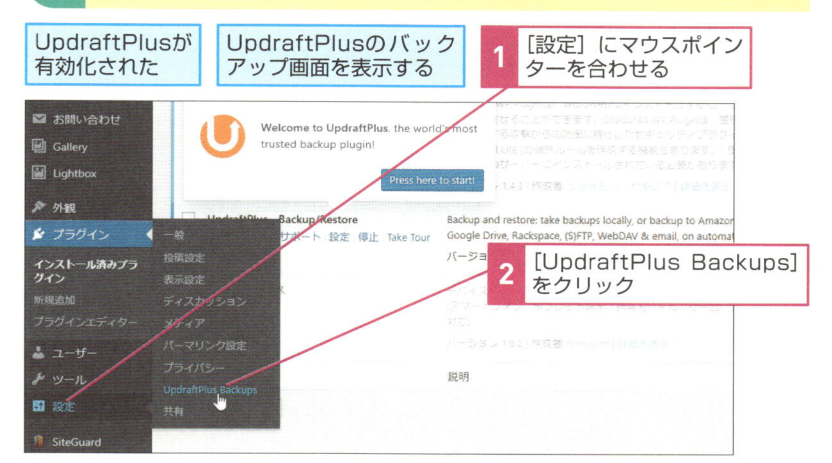

次のページに続く

3 バックアップを実行する

バックアップを実行していく

1 ［今すぐバックアップ］をクリック

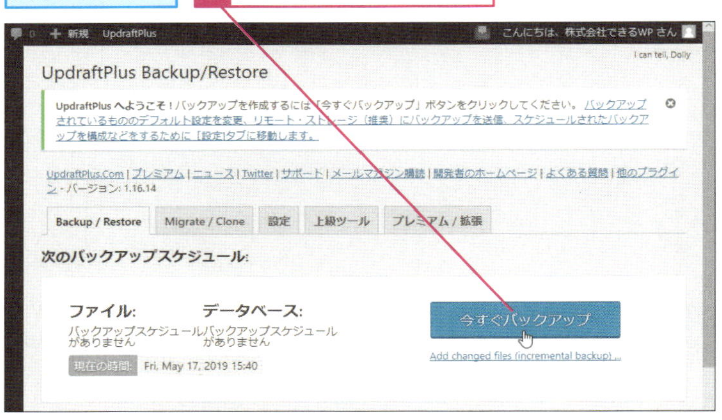

2 ［今すぐバックアップ］をクリック

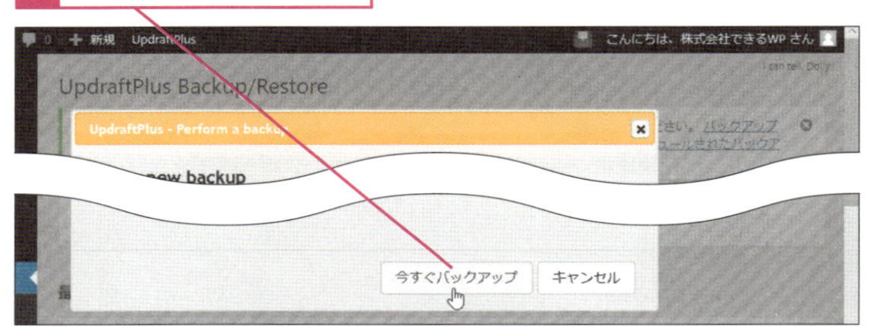

サーバー上にバックアップファイルが保存される

Hint!

レンタルサーバーのバックアップオプションを利用してもいい

バックアップは、プラグインを利用する方法以外にもレンタルサーバーが提供するオプションに申し込む方法もあります。レンタルサーバーを提供する会社によって料金や仕様は異なるので、自分のホームページに合うオプションを選びましょう。

4 バックアップを選択する

復元するバックアップを選択する

1 [バックアップ済み] の[復元]をクリック

バックアップ済み 1

他のタスク: バックアップファイルをアップロード | 新しいバックアップの為にローカルフォルダの再スキャン | リモートストレージを再スキャン

バックアップ日付　データをバックアップする（クリックしてダウンロード）　操作

May 17, 2019 15:40　データベース　プラグイン　テーマ　アップロード　その他　復元　削除　ログを表示

5 復元を実行する

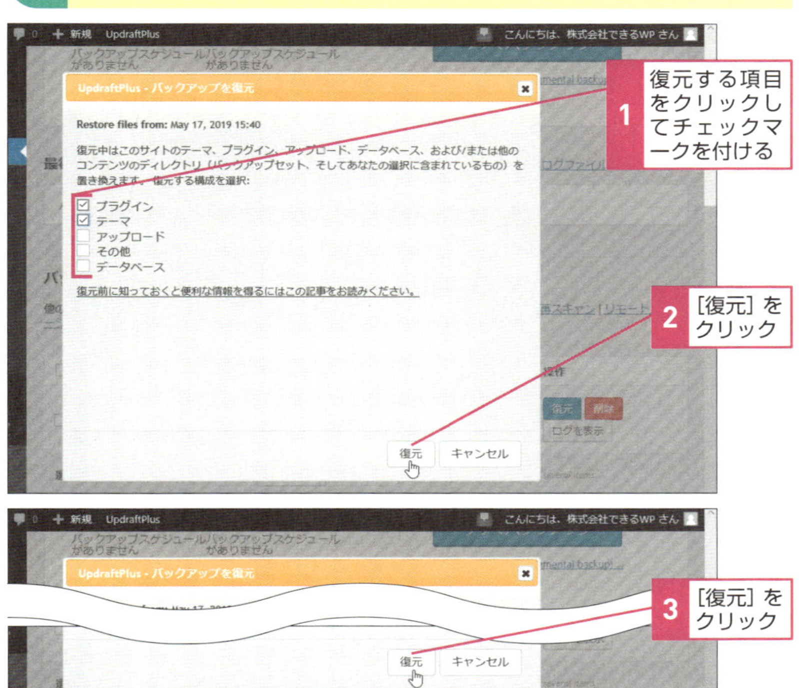

レッスン
52
アップデートを実行するには
アップデート

こまめにアップデートを実行しよう

このレッスンではWordPress、テーマ、プラグインの各種アップデートについて解説します。WordPressで作成したホームページは、セキュリティ用のプラグインやバックアップ用のプラグインを追加するだけでは安全とはいえません。ホームページを作るために利用したテーマやプラグイン、WordPress自体を更新し最新の状態に保つこともホームページを安全に運用するために必要な要素です。WordPressのセキュリティ対策プラグイン「SiteGuard WP Plugin」などを利用して更新通知を受け取り、こまめにアップデートするよう心がけましょう。

Before

プラグインを常に最新の状態に保つ

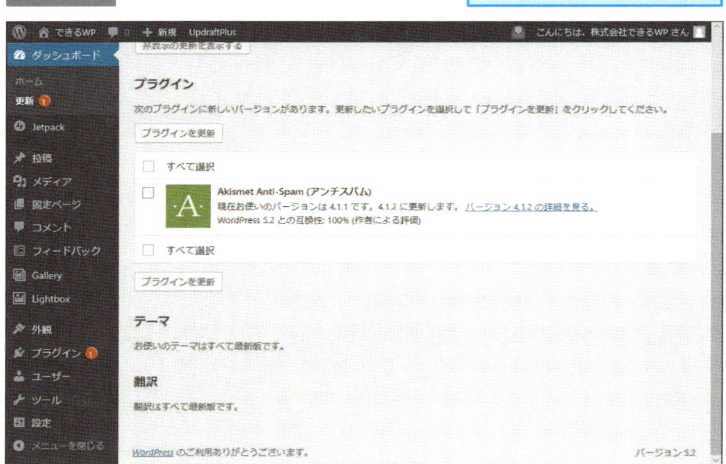

第8章 ホームページの安全性を高めよう

After

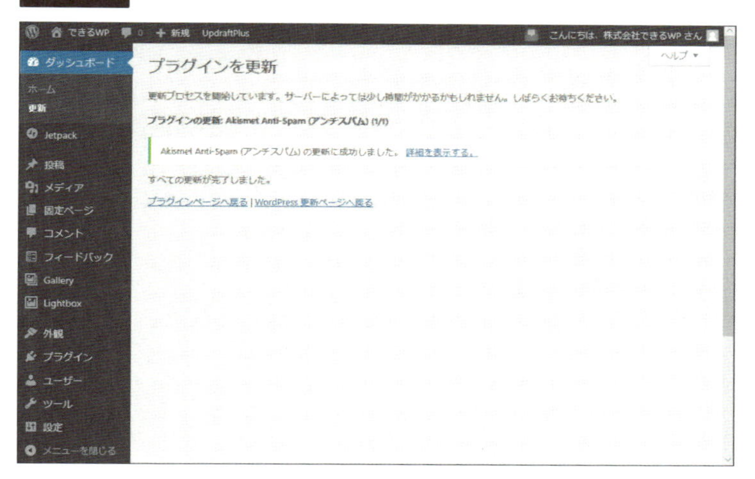

WordPressのマイナーアップデートは自動で更新される

アップデートには、以下の2種類があります。

❶メジャーアップデート

仕様の変更など大規模な更新または変更となっており、3カ月に1回程度行われます。数字としては「5.0」から「5.1」のようなアップデートです。

❷マイナーアップデート

不具合や脆弱性の対策をメインとしており、都度行われます。数字としては「5.1.0」から「5.1.1」のようなアップデートです。

WordPressのバージョン3.7からはマイナーアップデートと翻訳ファイルが随時更新されるようになっています。

次のページに続く

1 アップデートの画面を表示する

アップデートがある場合はここに数字が表示される

アップデートの実行画面を表示する

1 ［更新］をクリック

2 チェックボックスをクリックしてチェックマークを付ける

3 ［プラグインを更新］をクリック

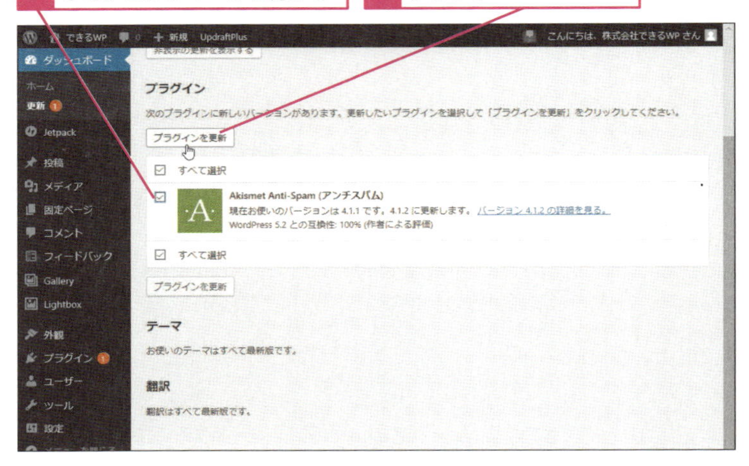

2 アップデートが実行された

プラグインがアップデートされた

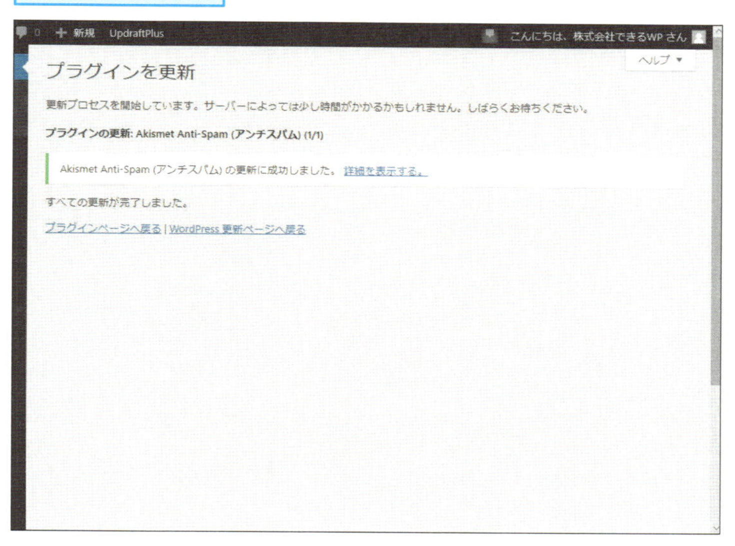

Hint! WordPress本体をメジャーアップデートするには

メジャーアップデートは手動で行う必要があります。メジャーアップデートが発表されると、管理画面に更新用のリンクが表示されるので、リンクをクリックしてアップデートを実行しましょう。しかしWordPress公式のアナウンスでは更新前にすべてのファイルのバックアップを取り、プラグインをすべて停止した後に更新することが推奨されています。

Hint! 更新中にページを閉じたり切り替えるのはNG

WordPress、テーマ、プラグインの更新は手動で行いますが、更新を実行した後にWebブラウザー上で管理画面を閉じたり、違うページへ移動してはいけません。安全に更新する場合は、更新が完全に完了するまで操作をせずに待っている必要があります。

ステップアップ！

バックアップを削除するには

バックアップファイルは、バックアップするたびに増えていきます。ファイルが多くなってしまった場合は、管理画面上で［復元］ボタンの右側にある［削除］ボタンを利用し、1番古いバックアップファイルから削除しましょう。

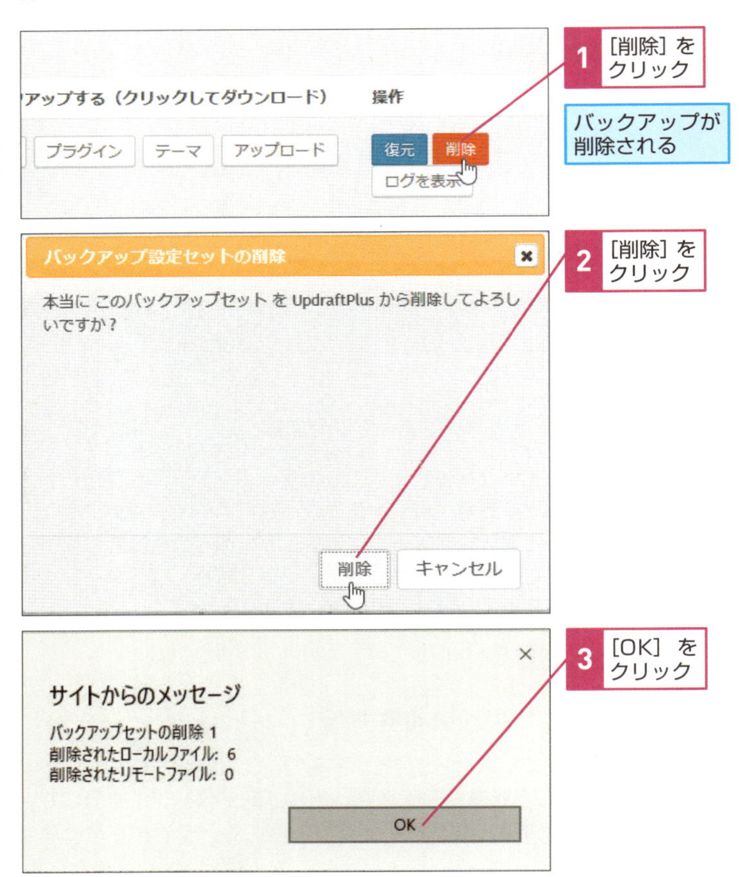

付録1

サブドメインにテスト環境を作成するには

本書で紹介した「ロリポップ！」と「ムームードメイン」の組み合わせでは、追加料金を支払うことなく「サブドメイン」という、主に使用するドメインとは別のドメインを取得できます。「サブドメイン」の方にもWordPressをインストールすれば、メイン環境とは別のテスト環境で本書の操作を学べます。ここではサブドメインにテスト環境を作成する流れを解説しますが、付録2も併せて参照してください。

1 サブドメインの設定画面を表示する

レッスン6を参考にロリポップ！のユーザー専用ページにログインしておく

1 [サーバーの管理・設定] にマウスポインターを合わせる

2 [サブドメイン設定] をクリック

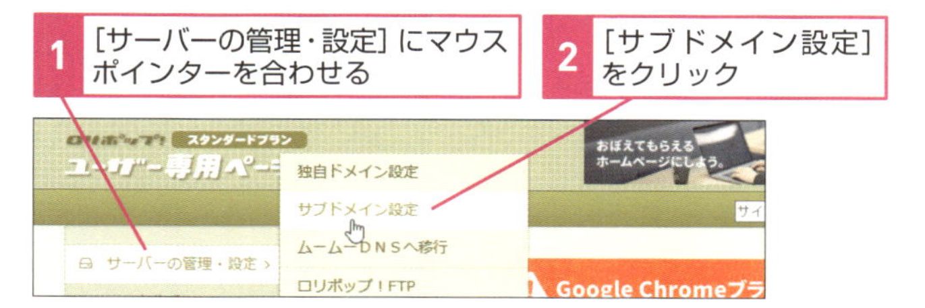

2 サブドメインを新規作成する

[サブドメイン設定] の画面が表示された

サブドメインを新規作成していく

1 [新規作成] をクリック

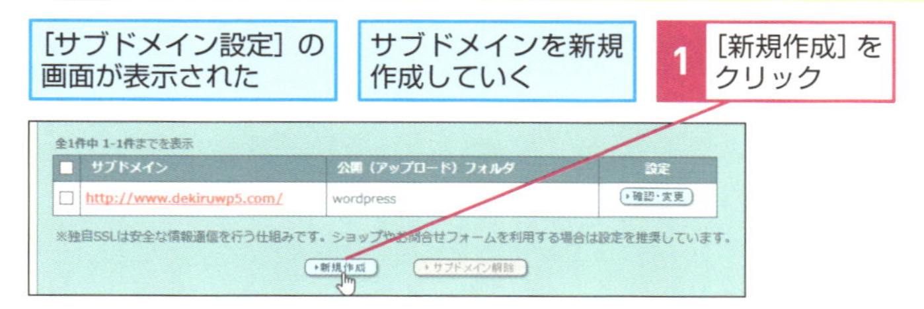

次のページに続く

3 サブドメインと公開フォルダーを設定する

1 ここにサブドメインに使用する文字列を入力

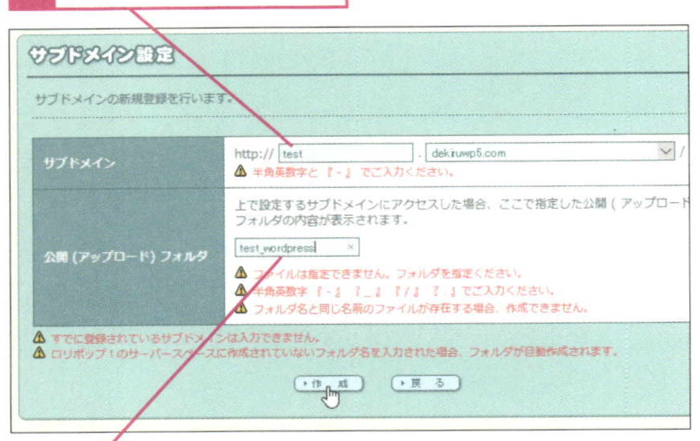

2 ここにサブドメインに使用する公開フォルダーのフォルダー名を入力

4 ネームサーバー認証を行う

1 ここにムームーIDを入力

2 ここにムームーパスワードを入力

■ネームサーバー認証
ネームサーバー認証を行うことで、独自ドメインのネームサーバーのセットアップができます。
ここでネームサーバー認証を行わない場合は、後ほど ムームードメインのコントロールパネル からセットアップを行なってください。

ムームーID	hoshinowp01@gmail.com 半角英数字で入力ください。
ムームーパスワード	●●●●●●●●●● 半角英数字で入力ください。

ムームーID ムームーパスワードはムームドメイン登録時に設定したIDとパスワードです。

ネームサーバー認証　あとで認証する

3 [ネームサーバー認証]をクリック

付録

5 サブドメインの登録を確定する

入力した内容の確認画面が表示された

サブドメインの登録を確定していく

1 [設定]をクリック

サブドメインの設定確認に関するメッセージが表示された

2 [OK]をクリック

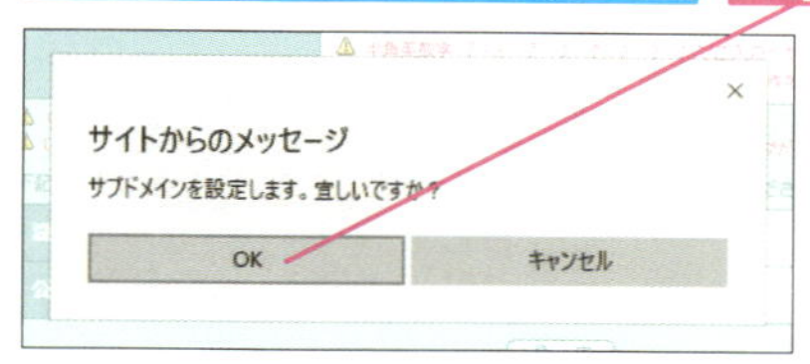

サブドメインが登録された

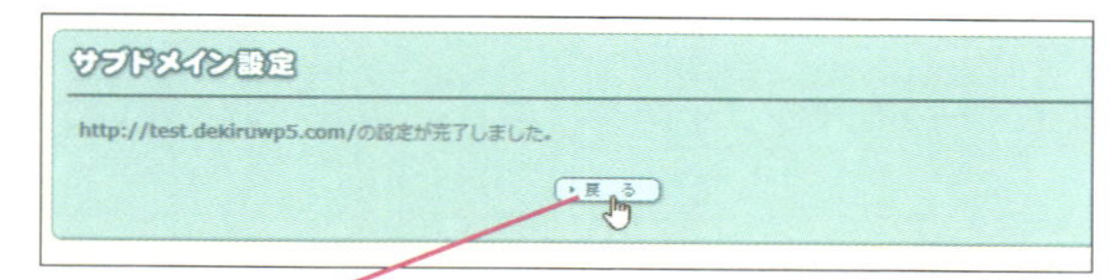

3 [戻る]をクリック

6 サブドメインが登録された

[サブドメイン設定]の画面が表示された

新規にサブドメインが登録されていることが分かる

全2件中 1-2件までを表示

	サブドメイン	公開（アップロード）フォルダ	設定
☐	http://www.dekiruwp5.com/	wordpress	確認・変更
☐	http://test.dekiruwp5.com/	test_wordpress	確認・変更

※独自SSLは安全な情報通信を行う仕組みです。ショップやお問合せフォームを利用する場合は設定を推奨してい

新規作成　サブドメイン削除

次のページに続く

7 WordPress簡単インストールを開始する

登録したサブドメインにもWordPressをインストールしていく

1 [サイト作成ツール] にマウスポインターを合わせる

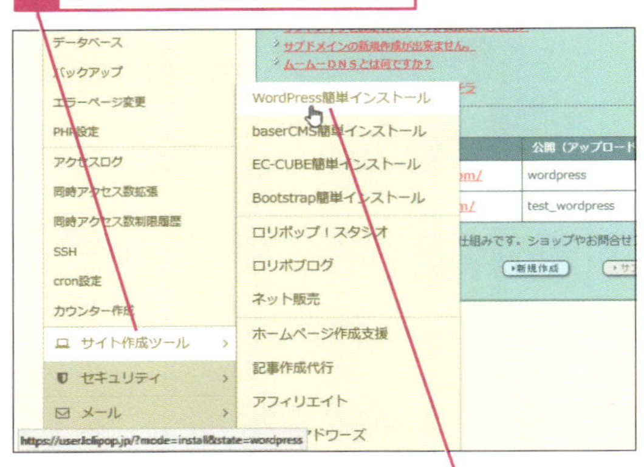

2 [WordPress簡単インストール]をクリック

8 サイトURLと利用データベースを設定する

1 ここをクリックしてサブドメインを選択

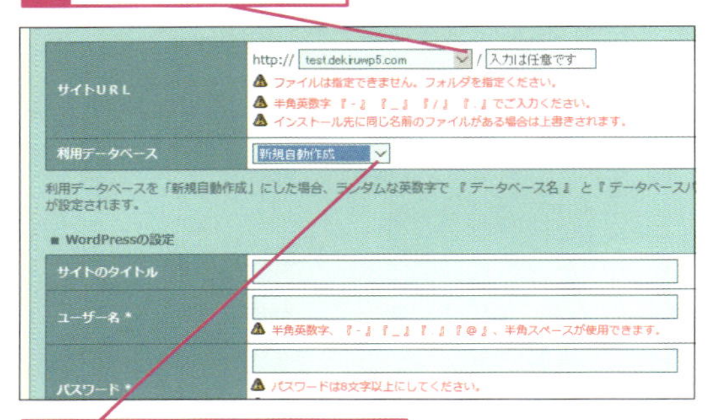

2 ここをクリックして [新規自動作成] を選択

付録

9 ホームページの情報を入力する

作成するWordPressのホームページの情報を入力していく

1 タイトルを入力

2 ユーザー名、パスワード、メールアドレスを入力

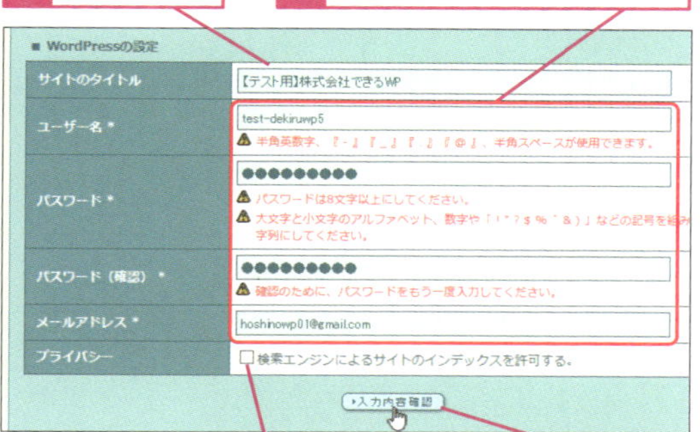

テスト環境なので検索対象にならないようにする

3 ここをクリックしてチェックマークをはずす

4 ［入力内容確認］をクリック

10 WordPress簡単インストールを実行する

入力内容の確認画面が表示された

1 ［承諾する］をクリックしてチェックマークを付ける

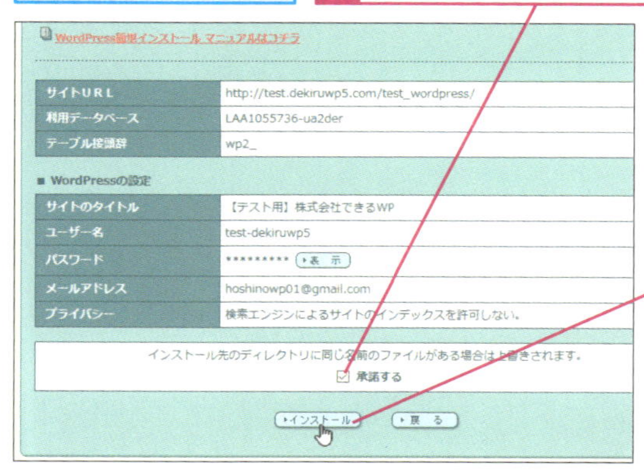

2 ［インストール］をクリック

次のページに続く

付録

11 WordPressがインストールされた

サブドメインにWordPressがインストールされた

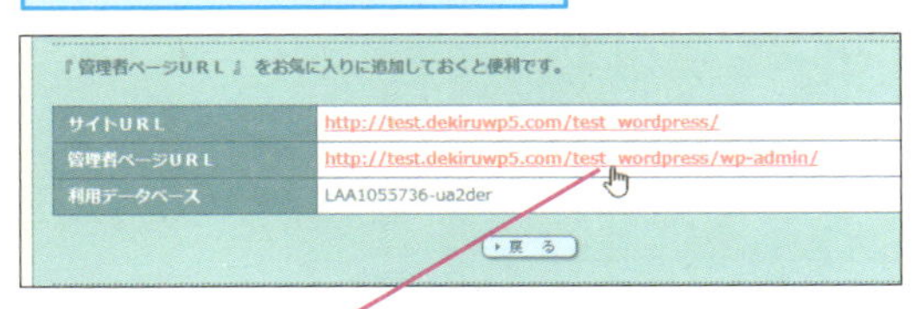

1 ［管理者ページURL］のURLをクリック

12 WordPressへのログイン画面をお気に入りに登録する

WordPressへのログイン画面が表示された

ブラウザーのお気に入りに登録しておく

1 ［お気に入りまたはリーディングリストに追加］をクリック

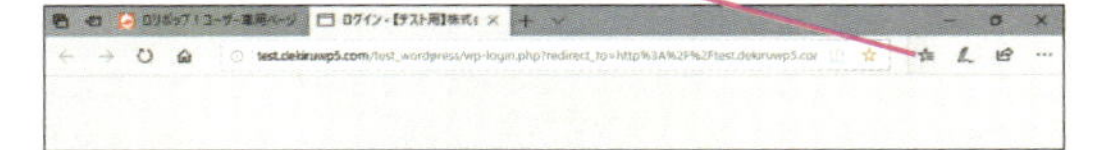

2 ［お気に入り］をクリック

3 ［追加］をクリック

付録

付録2

テスト環境にXMLをインポートするには

本書で作成したホームページの完成形は、本書の書籍紹介ページでXMLファイルとして配布しています。XMLファイルをダウンロードしたら、付録1で作成したテスト環境にインポートして、ホームページ作成の手本にしてください。なお、インポートした後にテーマとプラグインを追加しないと、本書のサンプルサイトは完全に再現されません。レッスン17やレッスン30を参考に、テーマやプラグインを追加しましょう。

1 テスト環境にログインする

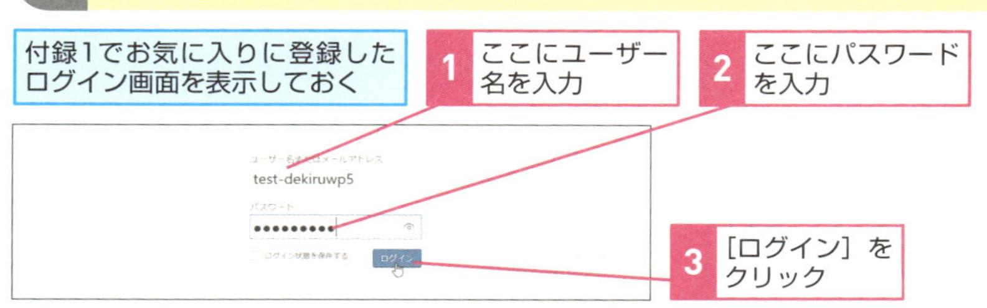

2 XMLのインポート画面を表示する

テスト環境にログインできた

サンプルのXMLファイルをインポートしていく

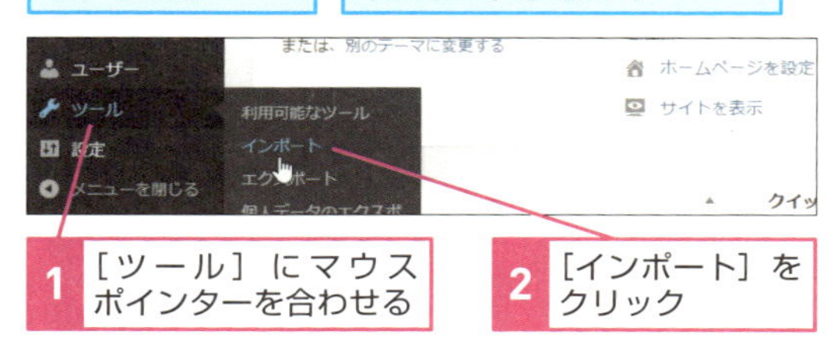

次のページに続く

3 インポーターをインストールして実行する

[インポート]の画面が表示された

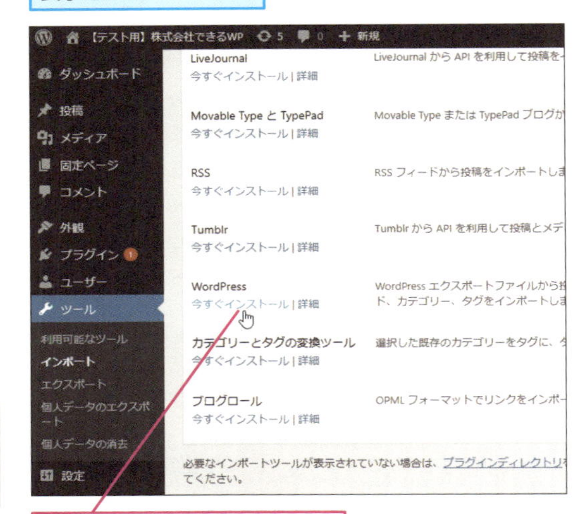

1 [WordPress]の[今すぐインストール]をクリック

インポーターがインストールされた

2 [インポーターの実行]をクリック

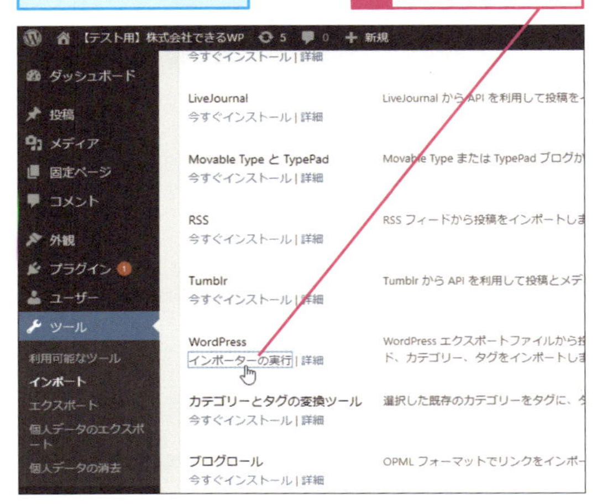

4 インポートするXMLファイルを選択する

[WordPressのインポート] の画面が表示された

1 [参照] をクリック

WordPress のインポート

WordPress eXtended RSS (WXR) ファイルをアップロードして、このサイトに投稿、コメント、カスタムフィールド、カテゴ
ンポートしましょう。

アップロードする WXR (.xml) ファイルを選択し、「ファイルをアップロードしてインポート」をクリックしてください。

自分のコンピューターからファイルを選択する: (最大サイズ: 100 MB) 参照...

ファイルをアップロードしてインポート

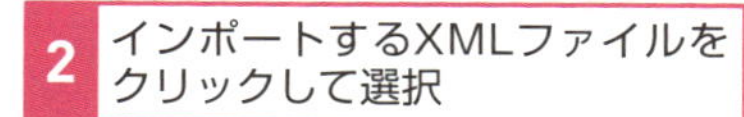

3 [開く] をクリック

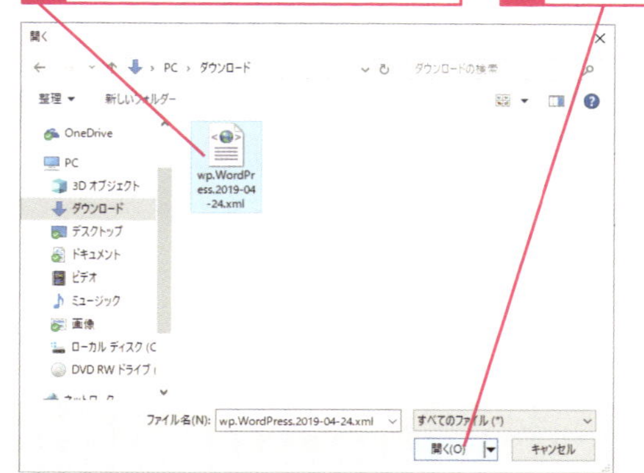

XMLファイルが選択された

WordPress のインポート

WordPress eXtended RSS (WXR) ファイルをアップロードして、このサイトに投稿、コメント、カスタムフィールド、カテゴ
ンポートしましょう。

アップロードする WXR (.xml) ファイルを選択し、「ファイルをアップロードしてインポート」をクリックしてください。

自分のコンピューターからファイルを選択する: (最大サイズ: 100 MB) C:\Users\hoshi\Downloads\wp.Wor 参照...

ファイルをアップロードしてインポート

4 [ファイルをアップロードしてインポート]をクリック

次のページに続く

付録

テーマやプラグインを適用する必要がある

XMLファイルに保存されているのは、投稿や固定ページなどの記事の情報と、メディアファイルの情報で、テーマファイルやプラグインの適用状況に関する情報はXMLファイルには含まれません。誌面と同じホームページを再現したい場合は、レッスン17を参考にDekiruテーマをインストールしてから、第5章以降で適用されているプラグインをすべてインストールして有効化する必要があります。本書の解説をおさらいしながら、操作してみるといいでしょう。

5 XMLファイルのインポートを実行する

投稿者の設定画面が表示された

ここではテスト環境のユーザー名を投稿者に割り当てる

1 ここをクリックしてユーザー名を選択

2 ここをクリックしてユーザー名を選択

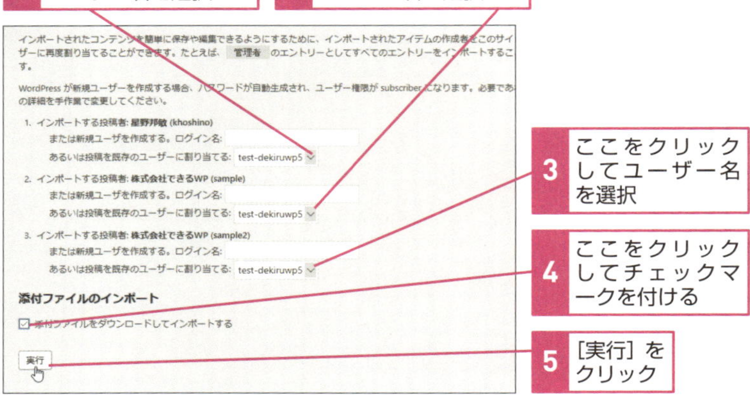

XMLファイルのインポートが完了する

付録

索引

さ

た

な

は

ま

や

ら

できるサポートのご案内

本書の記載内容について、無料で質問を受け付けております。受付方法は、電話、FAX、ホームページ、封書の4つです。なお、A. ～ D.はサポートの範囲外となります。あらかじめご了承ください。

受付時に確認させていただく内容

①書籍名・ページ
『できるポケットWordPress ホームページ入門 基本&活用マスターブック WordPress Ver.5.x対応』

②書籍サポート番号→500737
※本書の裏表紙（カバー）に記載されています。

③お客さまのお名前

④お客さまの電話番号

⑤質問内容

⑥ご利用のパソコンメーカー、機種名、使用OS

⑦ご住所

⑧FAX番号

⑨メールアドレス

サポート範囲外のケース

A. 書籍の内容以外のご質問（書籍に記載されていない手順や操作については回答できない場合があります）

B. 対象外書籍のご質問（裏表紙に書籍サポート番号がないできるシリーズ書籍は、サポートの範囲外です）

C. ハードウェアやソフトウェアの不具合に関するご質問（お客さまがお使いのパソコンやソフトウェア自体の不具合に関しては、適切な回答ができない場合があります）

D. インターネットやメール接続に関するご質問（パソコンをインターネットに接続するための機器設定やメールの設定に関しては、ご利用のプロバイダーや接続事業者にお問い合わせください）

問い合わせ方法

電 話（受付時間：月曜日～金曜日 ※土日祝休み 午前10時～午後6時まで）

0570-000-078

電話では、**上記①～⑤**の情報をお伺いします。なお、**通話料はお客さま負担**となります。対応品質向上のため、通話を録音させていただくことをご了承ください。一部の携帯電話やIP電話からはご利用いただけません。

FAX（受付時間：24時間）

0570-000-079

A4サイズの用紙に**上記①～⑧**までの情報を記入して送信してください。質問の内容によっては、折り返しオペレーターからご連絡をする場合もあります。

インターネットサポート（受付時間：24時間）

https://book.impress.co.jp/support/dekiru/

上記のURLにアクセスし、専用のフォームに質問事項をご記入ください。

封 書

〒101-0051
東京都千代田区神田神保町一丁目105番地
株式会社インプレス
できるサポート質問受付係

封書の場合、**上記①～⑦**までの情報を記載してください。なお、封書の場合は郵便事情により、回答に数日かかる場合もあります。

■著者

星野邦敏（ほしの　くにとし）

WordPressのテーマやプラグインを開発している株式会社コミュニティコム代表取締役。大宮経済新聞を始めとするWebメディアも自社で運営。コワーキングスペース・貸会議室・シェアオフィスの経営も手がける。

相澤奏恵（あいざわ　かなえ）

株式会社コミュニティコムのウェブディレクター。人材紹介会社の営業職を経て、現在は同社のリモートワーク・フレックスタイム制を活用し、名古屋と埼玉を行き来しながら顧客の新規サイトの立ち上げ支援や日々の運用サポート等を行う。

大胡由紀（おおご　ゆき）

株式会社コミュニティコムのライター。同社のオウンドメディアの企画・運営に携わるほか、大宮経済新聞副編集長・埼玉新聞タウン記者として、地域に密着した取材・執筆活動を行う。

清水久美子（しみず　くみこ）

株式会社コミュニティコムのデザイナー・マークアップエンジニア。静岡県在住でフルリモート勤務中。2001年よりウェブサイト制作全般に従事。好物は写真と猫、ウェブアクセシビリティ。

清水由規（しみず　ゆき)）

株式会社コミュニティコムのデザイナー・プランナー。ウェブサイトの企画・制作に手を動かすかたわら、ウェブの裾野を広げるべくWordPress初心者向けレッスンの講師やウェブ系セミナーの運営・登壇を掛け持つ。

山田里江（やまだ　りえ）

株式会社コミュニティコムのライター・ディレクター。モバイルサイトのディレクター、企業のオウンドメディア担当などを経て、現職ではWordPressを利用したメディア運営に携わっている。

吉田裕介（よしだ　ゆうすけ）

株式会社コミュニティコムのプログラマー。Saitama WordPress MeetupやWordCamp Tokyoなど、WordPressイベントへの登壇や実行委員を務める。公式テーマ「saitama」や「dekiru」、プラグインを公開している。

STAFF

カバーデザイン	株式会社ドリームデザイン
本文フォーマット	株式会社ドリームデザイン
カバーモデル写真	PIXTA
本文イメージイラスト	廣島　潤
DTP 制作	町田有美・田中麻衣子
編集制作	株式会社トップスタジオ
デザイン制作室	今津幸弘 <imazu@impress.co.jp>
	鈴木　薫 <suzu-kao@impress.co.jp>
制作担当デスク	柏倉真理子 <kasiwa-m@impress.co.jp>
編集	進藤　寛< shindo@impress.co.jp >
編集長	藤原泰之 <fujiwara@impress.co.jp>

本書は、できるサポート対応書籍です。本書の内容に関するご質問は、238ページに記載しております「できるサポートのご案内」をお読みのうえ、お問い合わせください。なお、本書発行後に仕様が変更されたハードウェア、ソフトウェア、インターネット上のサービスの内容などに関するご質問にはお答えできない場合があります。該当書籍の奥付に記載されている初版発行日から3年が経過した場合、もしくは該当書籍で紹介している製品やサービスについて提供会社によるサポートが終了した場合は、ご質問にお答えしかねる場合があります。また、以下のご質問にはお答えできませんのでご了承ください。
・書籍に掲載している手順以外のご質問
・ハードウェアやソフトウェアの不具合に関するご質問
・インターネット上のサービス内容に関するご質問
本書の利用によって生じる直接的または間接的被害について、著者ならびに弊社では一切の責任を負いかねます。あらかじめご了承ください。

■落丁・乱丁本などの問い合わせ先
TEL　03-6837-5016　FAX　03-6837-5023
service@impress.co.jp
受付時間　10:00 ～ 12:00 ／ 13:00 ～ 17:30
（土日・祝祭日を除く）
●古書店で購入されたものについてはお取り替えできません。

■書店／販売店の窓口
株式会社インプレス 受注センター
TEL　048-449-8040　FAX　048-449-8041

株式会社インプレス 出版営業部
TEL　03-6837-4635

できるポケット
WordPress ホームページ入門 基本＆活用マスターブック WordPress Ver.5.x対応

2019年9月11日　初版発行

著　者　星野邦敏・相澤奏恵・大胡由紀・清水久美子・清水由規・山田里江・吉田裕介＆できるシリーズ編集部

発行人　小川 亨

編集人　高橋隆志

発行所　株式会社インプレス
〒101-0051　東京都千代田区神田神保町一丁目105番地
ホームページ　https://book.impress.co.jp/

印刷所　株式会社廣済堂
ISBN978-4-295-00737-1 C3055

Printed in Japan